Dieter L. Schmich

In vier Wochen zum besseren Job

Dieter L. Schmich

In 4 Wochen zum besseren Job

Durch zeitgemäße Bewerbungsstrategien schneller zum Erfolg

dielus **edition**
www.dielus.com

© 2014 dielus edition Dieter Schmich
In vier Wochen zum besseren Job, 4. Auflage
Alle Rechte vorbehalten.

Umschlaggestaltung: dielus
Umschlagabbildung: © iStockphoto.com (mikdam)
Printed in Germany

ISBN 978-3-9815711-0-3

Bibliografische Information der Deutschen Bibliothek: Die Deutsche Bibliothek verzeichnet diese Publikation in der Deutschen Nationalbibliografie. Detaillierte bibliografische Daten sind im Internet abrufbar über https://portal.d-nb.de

Die Karriere-Trilogie mit dem Goldfisch

Erfolgsstrategien auf den Punkt gebracht von Dieter L. Schmich

Band 1	Band 2	Band 3
Bewerbung vorbereiten	Job finden	Karriere machen

ISBN 978-3-9815711-1-0   ISBN 978-3-9815711-0-3   ISBN 978-3-9815711-2-7

(1) Im ersten Band analysiert unser Goldfisch sein berufliches Können und erstellt moderne, aussagekräftige Bewerbungsunterlagen.

(2) Danach stellt er sicher, dass er in wenigen Wochen attraktive Positionen findet und in Vorstellungsgesprächen den Zuschlag erhält.

(3) Schließlich kümmert er sich im dritten Band um seine weitere Karriere. Er schließt sich mit anderen Goldfischen zusammen, um berufliche und soziale Netzwerke zu schaffen. Er möchte für jede Lebenslage über die richtigen Verbündeten verfügen. Nun kann er dynamischen Zeiten nicht nur gelassener entgegentreten, sondern auch schneller seine beruflichen und persönlichen Ziele erreichen.

Obwohl die drei Bücher zusammen betrachtet ein kausal verknüpftes Karrierekonzept bilden, sind sie in sich abgeschlossen und auch unabhängig voneinander lesbar. Um dies zu gewährleisten, waren an wenigen Stellen kurze Wiederholungen notwendig.

Inhaltsverzeichnis

Auch eine Frage der Solidarität

Das Vorhandensein professioneller Bewerbungsunterlagen stellt auch heute noch eine elementare Grundvoraussetzung dar, um einen neuen Job zu finden. Wenn man jedoch nicht ausreichend informiert ist, wo und wann die besten Stellen zu vergeben sind, mit den falschen Ansprechpartnern kommuniziert, sich in der Administration von Unternehmen verliert oder sich im Extremfall am Arbeitsmarkt völlig vorbei bewirbt, dann helfen auch die tollsten Unterlagen nicht weiter.

Heute ist man gezwungen, auch an die richtige Bewerbungstechnik zu denken. Darum geht es in diesem zweiten Teil der Trilogie.

Der Arbeitsmarkt ist so dynamisch wie nie zuvor. An diese Tatsache hat sich auch der eigentliche Bewerbungsprozess anzupassen. Vorgehensweisen vergangener Jahre funktionieren immer seltener. Um attraktive, neue Jobs zu finden, müssen also nicht nur hochwertige Bewerbungsunterlagen vorhanden sein, sondern vor allem moderne Strategien verfolgt werden.

Die Hintergründe für die Notwendigkeit, neue Wege zu gehen, liegen auf der Hand: Die Geschwindigkeit, mit der Firmen entstehen und wieder vom Markt verschwinden, hat ihren Höhepunkt erreicht. Zudem werden in einem atemberaubenden Tempo Unternehmensteile umstrukturiert, zugekauft und wieder veräußert. Betriebsabläufe haben sich beschleunigt und verändern sich permanent. Firmen, in denen der Arbeitsalltag durch Improvisation und spontanes Handeln geprägt ist, sind heute keine Ausnahme mehr. Im Zuge der globalisierten Schelllebigkeit haben sich die Personalauswahlverfahren ebenfalls gewandelt. Mittel- bis langfristige Planungen zur Personalentwicklung und Mitarbeitergewinnung finden immer seltener statt. Vielmehr sind Personaler mit kürzeren Vorlaufzeiten für gewünschte

Kandidaten konfrontiert. Zudem sind solche Abteilungen, die für Bewerber zuständig sind, mit immer weniger Beschäftigten ausgestattet. Auch in diesem Bereich gehören beschleunigte und unbürokratische Arbeitsabläufe zur Tagesordnung.

Auf die umständliche Korrespondenz wie beispielsweise Bestätigungsschreiben für eingehende Bewerbungen, schriftliche Einladungen zu Vorstellungsgesprächen, Absagebriefe oder das Zurücksenden von Bewerbungsmappen wird immer öfter verzichtet. Auch beim Finden des richtigen Kandidaten oder bei der Bearbeitung von Bewerberdaten wird auf effektive und ergebnisorientierte Wege gesetzt. Es wird telefoniert, gemailt oder persönlich gesprochen. Über Einstellungen muss oft kurzfristig entschieden werden. Vorstellungstermine werden spontan anberaumt und gleichzeitig müssen wenige Gespräche ausreichend sein, schließlich ist Zeit auch Geld.

Hinzu kommt, dass die Veröffentlichung von Stellenangeboten, um interessante Bewerber anzuziehen, von immer mehr Unternehmen als wenig zielführend erachtet wird. Es gibt heute effektivere Wege zur Personalgewinnung. Dazu gibt es auch Fakten: Laut dem Institut für Arbeitsmarkt- und Berufsforschung (IAB) in Nürnberg ist der Anteil der freien Stellen, die noch als Stelleninserate veröffentlicht werden, unter 50 Prozent gefallen. Dabei ist allerdings ein wichtiger Faktor, nämlich die jeweilige Attraktivität von freien Positionen, noch nicht mit eingerechnet. Die Fachwelt ist sich darüber einig, dass der Großteil interessanter Stellen heute nicht mehr für jedermann sichtbar in Zeitungen oder im Internet ausgeschrieben wird.

Heute stellt sich der Zugang zum Arbeitsmarkt komplexer dar: Vorbei ist die Zeit, als man noch zeitungslesend am Frühstückstisch den kompletten Stellenmarkt sondieren konnte. Ebenso gehört es der Vergangenheit an, am PC die Online-Jobbörsen zu sichten, um tatsächlich einen Gesamtüberblick über alle interessanten Vakanzen zu erhalten. Moderne Recherchetechniken sind wichtiger denn je, um eine ausreichende Anzahl attraktiver freier Posten zu entdecken.

Im krassen Gegensatz dazu steht die Vorgehensweise vieler Jobsuchender, wenn es um das Finden beruflicher Alternativen geht. Diese ist geprägt von idealisierten Annahmen, auf welche Art und Weise bei Arbeitgebern der richtige Kandidat gefunden wird. Insbesondere die Ansicht, dass grundsätzlich alle eingehenden Bewerberdaten professionell gesichtet werden, entbehrt jeglichen Bezug zur Realität. Darüber hinaus ist der Irrglauben nicht auszurotten, dass Arbeitgeber ihre Vakanzen grundsätzlich der breiten Öffentlichkeit zugänglich machen. Hoffnungsvoll wird noch immer in Zeitungen oder im Internet nach passenden Stellenanzeigen Ausschau gehalten. Man erkennt jedoch schnell, dass insbesondere in den Onlinemedien sich hauptsächlich die Zeitarbeitsszene tummelt. Daneben sind Offerten zu sehen, die sich im Nachhinein als wenig lukrativ erweisen oder es werden Spezialkenntnisse gefordert, die ohnehin das Gros aller Interessierten nicht bietet.

Dann existieren noch viele Bewerberinnen und Bewerber, die auf die Idee kommen, unaufgefordert eine Unmenge von Personalabteilungen mit ihren Bewerbungsmappen zuzupflastern. Diesen nicht gerade kreativen Einfall haben allerdings auch andere Arbeitssuchende. Im Ergebnis fühlen sich immer mehr Unternehmen eher belästigt von dieser ungebetenen Papierschwemme.

Manche tippen sogar fleißig und zeitraubend ihre beruflichen Daten in Jobportale auf den Internetpräsenzen der Firmen ein. In der gleichen Zeit haben aber zeitgemäße Bewerber den direkten Kontakt zu den richtigen Ansprechpartnern gefunden und führen schon Vorstellungsgespräche, während alle anderen noch hoffen und warten.

Zusammengefasst lässt sich durchaus behaupten, dass viele Jobsuchende Strategien verfolgen, die leider nicht mehr zeitgemäß sind. Dies ist durchaus zu verstehen, schließlich kommen Arbeitnehmer nicht ständig in die Situation, sich um berufliche Alternativen bemühen zu müssen. Es ist für einen Angestellten nahezu unmöglich, sich permanent über die aktuellen Gegebenheiten des Arbeitsmarkts auf

Dieter L. Schmich

dem Laufenden zu halten. Warum auch? Wenn beruflich alles problemlos läuft, gibt es dazu keine Veranlassung. Gerät man dann doch einmal in die Situation, einen neuen Job zu benötigen, werden aus Unwissenheit Wege gegangen, die nur noch bedingt funktionieren. Man findet zu wenige Vakanzen oder erhält zu wenige Einladungen für Vorstellungsgespräche. Im Extremfall bleiben sie dann gänzlich aus. Oder es werden Gespräche geführt, in denen sich erst im Nachhinein herausstellt, dass man sich seine Zeit hätte auch sparen können. Die Suche nach einem neuen Job wird zu einem nervenaufreibenden Kraftakt.

Menschen, die schon in die Arbeitslosigkeit geschlittert sind, geraten in Panik. Sie beginnen zu bezweifeln, ob sie jemals noch einmal eine attraktive Stelle ergattern können. Die andere Gruppe von Jobsuchenden, die noch eine Anstellung innehat, aber unter konfusen Arbeitsabläufen oder inkompetenten Geschäftsführungen leidet, gibt irgendwann auf und begräbt ihre Hoffnung auf eine bessere berufliche Zukunft. Stattdessen fahren sie weiterhin jeden Morgen genervt zu ihrem demotivierenden Arbeitsplatz oder lassen ihren Frust an ihrem Umfeld aus.

Zu allem Unglück findet man schnell Personen, die ähnliche althergebrachte Strategien verfolgen und logischerweise ebenso schlechte Bewerbungsergebnisse erzielen. Man bestätigt sich gegenseitig und schnell entstehen subjektive Wahrheiten: Man sollte schon zufrieden sein, wenn man überhaupt einen Arbeitsplatz sein Eigen nennen darf.

Diese kollektive Fehleinschätzung, dass das Finden eines neuen und zugleich attraktiven Jobs eine fast unüberwindbare Hürde darstellt, hat jedoch katastrophale gesellschaftliche Auswirkungen. Das Gros der Berufstätigen ist der felsenfesten Überzeugung, sich am bestehenden Job festklammern zu müssen. Man zittert vor Kündigungen und akzeptiert unzumutbare Zustände. Unternehmen, die permanent Arbeitsbedingungen für ihre Belegschaft verschlechtern, erhalten so keinerlei Anlass, an ihrem bisherigen Vorgehen etwas zu ändern. Selbst chaotische Betriebsabläufe, unbezahlte Überstunden, enormer Ergebnisdruck bis hin zu einer aggressiven Arbeitsatmosphäre führen in der Regel nicht dazu, dass Firmen ihre Mitarbeiter verlieren. Niemand wandert ab zur Konkurrenz, aber die anfallende Arbeit wird dennoch irgendwie gemacht. Die nächste Welle von Rationalisierungsmaßnahmen ist damit schon vorprogrammiert.

Dies alles muss nicht sein! Auch heute noch gibt es eine ausreichende Anzahl lukrativer Stellen, hervorragende Arbeitsbedingungen sowie viele Unternehmensinhaber und Manager, die perfekt ihr Geschäft beherrschen. Je mehr Angestellte zu solchen kompetenten Arbeitgebern wechseln, umso eher wird sich die Gruppe rücksichtsloser Unternehmen besinnen, dass ihr wertvollstes Kapital das Know-how ihrer Mitarbeiter ist.

Je mehr Jobsuchende sich selbst in die Lage versetzen, unzumutbare Arbeitsangebote ablehnen zu können, weil sie durch zeitgemäße Bewerbungsstrategien bessere Offerten gefunden haben, umso schwieriger wird es für Betriebe, unattraktive Konditionen während Einstellungsgesprächen auszusprechen. Je mehr Arbeitssuchende sich leisten können, zeitlich befristete Verträge strikt abzulehnen, weil ihnen unbefristete Alternativen vorliegen, umso eher wird diese Vertragsform aussterben. Würde sich zum Beispiel niemand bei Zeitarbeitsfirmen bewerben, gäbe es im Übrigen auch keine Zeitarbeit mehr.

Sicher stelle ich das eine oder andere ein wenig idealisiert dar, dennoch steht außer Frage, dass das ehemalige Mekka für eine gleichmäßige Verteilung von Wohlstand und Arbeitseinkommen sich zu seinem Nachteil verändert hat. Zudem explodieren förmlich die Raten der Burnout-Syndrome und die Klagen über eine unzumutbare Arbeitsatmosphäre häufen sich in einem beängstigenden Maße.

Falls Sie sich mithilfe dieses Buchs konsequent einen besseren Job suchen, wird sich dies auch auf den Arbeitsmarkt auswirken. Es ist also auch eine Frage der Solidarität mit der gesamten arbeitenden

Bevölkerung, sich in jene positive Ausgangssituation zu bringen, um nicht hinnehmbare Posten kündigen oder inakzeptable Arbeitsangebote ablehnen zu können. Je mehr Angestellte dieser Philosophie folgen, umso schneller werden sich die Rahmenbedingungen für die gesamte Arbeitnehmerschaft auf breiter Front deutlich verbessern.

Selbstverständlich wird Ihnen nichts auf dem Silbertablett präsentiert. Es gibt aber auch keine unüberwindbaren Hürden! Vielmehr stellt sich das Finden eines besseren Jobs einfacher dar, als Sie vielleicht derzeit vermuten. Sie müssen lediglich Strategien verfolgen, die zu den aktuellen Gegebenheiten passen. Ich werde Ihnen dahingehend ein präzise strukturiertes Gesamtkonzept bieten: Beginnend mit der Verbesserung Ihres beruflichen Selbstbewusstseins, über die innovative Stellenrecherche und funktionierende Bewerbungswege bis hin zur erfolgreichen Bewältigung von Vorstellungsgesprächen. Im Ergebnis werden Sie mehr und bessere Offerten entdecken, mit den richtigen Leuten sprechen, mehr Jobzusagen erhalten sowie Ihre Bewerbungsphase deutlich beschleunigen.

Die überwiegende Mehrheit, die den Ratschlägen dieses Bewerbungsratgebers folgte, fand innerhalb von vier Wochen eine neue berufliche Perspektive. Dies wünsche ich Ihnen auch!

Dieter L. Schmich

1 Startvorbereitungen

Ich werde den Arbeitsmarkt unverblümt und ohne jegliche Romantik beschreiben. Auch dies muss leider Bestandteil Ihrer Startvorbereitungen sein. Ich werde Ihnen anfangs einiges zumuten. Mancher Leserin oder manchem Leser wird dies vielleicht zu pragmatisch erscheinen. Ich beschreibe aber nur absichtsvoll deutlich die Realität, denn darauf beruht das hier vorgestellte Gesamtkonzept.

Aber keine Sorge, nach wenigen Seiten haben Sie dann das Unangenehme hinter sich. Danach werde ich Ihnen Wege aufzeigen, wie Sie vermeintlich schlechtere Rahmenbedingungen bequem zu Ihrem Vorteil umkehren können.

1.1 Umdenken

Zunächst haben Sie umzudenken. Sie sollten versuchen, sich eine realitätsnahe und zeitgemäße berufliche Einstellung zuzulegen. Es ist zum Beispiel recht wahrscheinlich, dass Sie in Zukunft Ihren Job öfter wechseln werden, als es unsere Elterngeneration gewohnt war.

> **Bitte wünschen Sie sich keinen einzigen Arbeitsplatz, auf dem Sie Ihre gesamte Lebensplanung aufbauen können.**

Das einzig Stetige in unserer Zeit ist die Veränderung. Machen Sie Ihren Frieden damit. Hören Sie nicht auf Menschen, deren letzte Bewerbung schon Jahre zurückliegt oder die bereits in einer Lebensphase sind, in der man sich allmählich auf den Ruhestand vorbereitet. Diese Generation musste sich nicht regelmäßig auf neue Umstände einstellen. Früher arbeitete man oft zwanzig oder mehr Jahre beim gleichen Arbeitgeber. Ein Großteil dieser Arbeitnehmer kann sich den heutigen Arbeitsmarkt gar nicht mehr vorstellen!

Der Grund dieser Entwicklung ist, dass heute kleine bis mittelständische Betriebe meist einem starken Kostendruck ausgesetzt sind. Andere Unternehmen haben einfach keine Antwort auf neue Marktbedingungen gefunden. Bei Großkonzernen hingegen hat man manchmal den Eindruck, dass es unter Managern ein beliebter Sport geworden ist, sich mit Rationalisierungsmaßnahmen zu profilieren bzw. zu schmücken. Egal was die Hintergründe sind, es wird der Weg des geringsten Widerstandes beschritten. Ziel ist es, die gewünschten Kosteneinsparungen zumindest in Teilen auf die Arbeitnehmer abzuwälzen. Das heißt im Umkehrschluss, dass sich der heutige Angestellte darauf einzustellen hat. Er darf sich unter anderem nicht mehr einreden lassen, dass die Kosten seines Arbeitsplatzes ausschließlich der Grund seien, dass Unternehmen zu wenig verdienen. Dies ist nämlich in den meisten Fällen eben nicht der Fall. Oft ist es viel simpler!

1.1.1 Zeitgemäße berufliche Einstellung

Einige Firmeninhaber oder Manager sind einfach damit überfordert, gekonnt ihr Unternehmen zu führen. Zudem sind die Märkte mehr oder weniger gesättigt. Während man in den 1980er und 1990er Jahren schon mit simplen Geschäftsideen Millionen verdienen konnte, sind heute betriebswirtschaftliches Fachwissen, hohe Motivation und vor allem unternehmerisches Talent erforderlich, um einem verschärften Wettbewerb standhalten zu können.

Es liegt in der Natur der Sache, dass nicht alle Entscheidungsträger und Firmenlenker unternehmerische Talente sein können. Schenken Sie daher solchen Aussagen keinen Glauben, wonach es Unternehmen nur deshalb nicht gut genug gehen würde, weil die Personalkosten zu hoch seien. Fast in jeder Branche gibt es Firmen, die sich erfolgreich auf dem Markt behaupten und zugleich einwandfreie Arbeitsbedingungen bieten, gute Gehälter zahlen und in ausreichendem Maße wachsen. Was ist das Erfolgsrezept dieser Firmen? Schließlich leben sie mit den identischen Marktbedingungen wie ihre Konkurrenten.

Sie müssen heutzutage bereit sein, Arbeitgeber mit den gleichen nüchternen Wertmaßstäben zu konfrontieren, wie sie umgekehrt auf Sie selbst angewendet werden. Wenn Sie dies nicht tun, laufen Sie Gefahr, sehr enttäuscht zu werden. Ich bereite Sie deshalb lieber auf eine oft rücksichtslose, renditeorientierte oder gar moralisch fragwürdige Verhaltensweise von Unternehmen ihrer Belegschaft gegenüber vor. Dadurch möchte ich Ihre soziale Erwartungshaltung der Wirtschaft gegenüber auf ein gesundes Maß reduzieren. Warum nicht einmal den Spieß umdrehen?

Angenommen, ein Arbeitgeber bietet zu wenig Nutzen für einen seiner Angestellten. Das Unternehmen wird also aus Arbeitnehmersicht unnötig. Vielleicht bietet es so schlechte Arbeitsbedingungen, dass der Arbeitnehmer seine private Lebensgestaltung zeitlich oder finanziell nicht mehr zufriedenstellend regeln kann. Dann sollte die oder der Betroffene diesen Arbeitgeber einfach austauschen. Der Angestellte sollte dieses Unternehmen aus seinem Arbeitsleben sozusagen wegrationalisieren.

Außerdem wird der Schutz der Arbeitnehmerrechte seit Jahren mithilfe von Zeitarbeit, Werkverträgen mit externen Firmen, durch innerbetriebliche Vereinbarungen oder durch ausgeklügelte Arbeitsverträge umgangen. Dies geschieht im Einklang mit der aktuellen Gesetzgebung. Unsere Politiker, eigentlich als Interessensvertretung des Volkes gedacht, können (oder wollen) schon lange nichts mehr

Dieter L. Schmich

gegen viele fragwürdige Zustände in der Arbeitswelt tun. Mächtige Lobbyisten und insbesondere riesige Kapitalmengen haben unsere Amtsinhaber immer fester im Griff. Aus Volksvertretern sind Wirtschaftsvertreter geworden. Gewerkschaften müssen oft hilflos zusehen, wie ihr Einfluss schwindet. Daher ist die Erwartungshaltung, dass zum Beispiel die Politik, Verbände oder gar Betriebsräte die Rechte von Arbeitnehmern ausreichend vertreten können, schon lange nicht mehr zeitgemäß.

Solange wir in einer Gesellschaft leben, in der das gegenwärtige System wieder und wieder durch Wahlergebnisse bestätigt wird, müssen wir davon ausgehen, dass die Mehrheit der Wähler die aktuellen Gegebenheiten wünscht oder zumindest durch ihr Nichtwählen akzeptiert. Im Ergebnis wird hingenommen, dass Marktmechanismen anstelle von Regierungen die gesellschaftlichen Verhältnisse lenken. Dies stimmt vielleicht nicht optimistisch, doch ich kann Sie beruhigen: Es ist nicht alles schlechter geworden – die Anforderung an Ihre Einstellung hat sich lediglich verändert: Das heißt, Sie haben heute die Durchsetzung Ihrer Interessen einfach selbst in die Hand zu nehmen.

Gefällt Ihnen etwas nicht an Ihrer aktuellen beruflichen Situation, dann rufen Sie nicht nach dem Staat oder warten Sie nicht auf jemanden, der Ihnen die Entscheidung abnimmt, eine Veränderung herbeizuführen.

Sie sollten ab sofort selbst dafür Sorge tragen, Ihre berufliche Situation zu verbessern.

Jetzt werden Sie sich vielleicht fragen: „Traue ich mir das denn überhaupt zu?" Machen Sie sich bitte keine Sorgen. Selbstverständlich sind Sie dazu in der Lage. Sie sollten lediglich einige Ihrer bisherigen Grundannahmen überdenken bzw. ändern. Sie befinden sich wahrscheinlich in einer besseren Position, als Sie bisher vermutet haben.

Unternehmen und Institutionen sind auf ihr Personal mehr angewiesen als umgekehrt.

Sie sind Arbeitnehmer. Sie genießen die Freiheit, jederzeit Ihren Arbeitgeber austauschen zu können. Sie sind es, der entscheidet, wo Sie und wie lange Sie bei einer Firma tätig sind. Denken Sie einmal darüber nach. Unternehmen haben ihren Beschäftigten gegenüber oft nur den Vorteil, dass diese vor beruflichen Veränderungen Angst haben. Oder man ist vielleicht von der Anerkennung von Kollegen, Mitarbeitern oder Vorgesetzten abhängiger, als es gesund ist. Das ‚Geschäft‘ zwischen Arbeitnehmern und Arbeitgebern ist simpel:

> **Man bietet seine Arbeitskraft an und erhält dafür eine Gegenleistung, nämlich das Gehalt.**

Ich weiß, das klingt unangenehm nüchtern. Es ist allerdings viel erfreulicher, von einem Unternehmen durch professionelle Arbeitsbedingungen oder durch Anerkennung positiv überrascht zu werden, als etwas zu erhoffen, das nicht selbstverständlich gegeben ist.

Wenn Sie in der nächsten Zeit einen neuen Arbeitsplatz gefunden haben, sollten Sie Folgendes beachten:

> **Der Schlüssel zur Arbeitszufriedenheit ist, dass Sie sich von Ihrem Arbeitgeber nicht abhängig machen.**

Dies erreichen Sie, indem Sie auch in Zukunft permanent berufliche Alternativen im Blick behalten. Dann – und nur dann – werden Sie den Mut haben, das einzig wirkliche Machtmittel, das einem Arbeitnehmer zur Durchsetzung seiner Interessen zur Verfügung steht, konsequent anzuwenden. Nämlich die Androhung einer Kündigung. Ihr zukünftiger Arbeitgeber sollte sich Ihrer nie zu sicher sein:

> **Ihr Chef sollte immer mit der Möglichkeit rechnen müssen, dass Sie ihm den Rücken kehren und gehen.**

Selbstverständlich möchte ich Sie nicht dazu animieren, unüberlegte Schritte zu unternehmen. Sich zu weit aus dem Fenster zu lehnen, ohne gleichzeitig eindeutige Alternativen zur Hand zu haben, könnte sehr leichtsinnig sein. Sie sollten sich also in eine bessere Position bringen, um diese berufliche Einstellung auch leben zu können.

Wenn Sie diesen Ratgeber in der Praxis konsequent anwenden, werden Sie automatisch in diese vorteilhafte Lage kommen. Als Nebeneffekt werden Sie nämlich, ohne größere Anstrengungen, die Voraussetzungen schaffen, um auch in Zukunft relativ zeitnah berufliche Alternativen realisieren zu können. Nur so werden Sie später nie Gefahr laufen, zum Spielball Ihres neuen Arbeitgebers zu werden. Haben Sie Alternativen in der Hinterhand, werden Sie außerdem bedeutend mutiger und damit erfolgreicher Ihre beruflichen Wünsche durchsetzen.

Wie bereits gesagt: Je mehr Menschen sich in diese vorteilhaftere Position bringen, desto eher werden sich die Arbeitsbedingungen in der gesamten Wirtschaft erheblich verbessern. Geschäftsführungen müssen Gefahr laufen, ihre besten Mitarbeiter zu verlieren, wenn sie unattraktiven Arbeitsbedingungen keinen Einhalt gebieten. Erst dann wird wahrscheinlich wahrgenommen, dass der gesamte wirtschaftliche Erfolg ausschließlich der Belegschaft zu verdanken ist.

Ich weiß, dies ist für viele eher ein unangenehmer Gedanke, jederzeit bereit sein zu müssen, seinen Arbeitsplatz zu wechseln. Zudem ist mir auch bewusst, dass jeder von uns bestimmte Realitäten und damit unveränderbare Fakten in seinem Leben zu berücksichtigen hat. Aber allein schon Ihre Entscheidung, umdenken zu wollen, wird Sie persönlich erheblich weiterbringen. Akzeptieren Sie die Tatsache, dass Sie sowieso alle paar Jahre einen neuen Arbeitsplatz benötigen. Die Wahrscheinlichkeit, dass in dieser dynamischen Zeit ein Unternehmen innerhalb der nächsten fünf bis zehn Jahren pleitegeht, verkauft oder umstrukturiert wird, ist mehr als hoch. Sind Sie frühzeitig darauf vorbereitet, werden Sie schneller inkompetente Arbeitgeber gegen kompetente austauschen können, falls etwas nicht rund laufen sollte.

Einige Leser werden erwidern, dass es doch negativ bewertet werden könnte, wenn eine Position in der beruflichen Laufbahn auftaucht, die nicht mittel- bis langfristig bestand. Daraufhin kann ich Ihnen nur einen Erfahrungswert aus der Praxis geben: Durch das Ausharren in einem nicht mehr hinnehmbaren Job resultieren mangelnde Motivation bis hin zu Arbeitsfrust. Das wird sich auf Ihre Ausstrahlung und vor allem auf Ihre Arbeitsergebnisse auswirken. Daraus entstehen erheblich mehr Nachteile für Ihre berufliche Zukunft als durch eine oder zwei zu kurze Anstellungen in Ihrem Lebenslauf. Wie sich darüber hinaus Arbeitsfrust auf Ihre Gesundheit und Lebensqualität auswirkt, diese Frage können am besten Sie selbst beantworten.

Im Übrigen sind mittlerweile auch Personaler daran gewöhnt, dass in Bewerbungsunterlagen alle paar Jahre neue Arbeitgeber auftauchen. Die in vielen Bewerbungsbüchern oder im Internet oft gezeigten Bilderbuch-Lebensläufe, die maximal zwei bis drei berufliche Stationen enthalten, gehören schon längst der Vergangenheit an.

Sie werden vergeblich im privaten Bereich Erfüllung, Zufriedenheit und persönlichen Erfolg suchen, wenn Sie die Hauptzeit Ihres Tages mit einer Berufstätigkeit vergeuden, die Sie frustriert oder nicht weiterbringt.

> **Suchen Sie sich einen Job, der Ihnen mehr Lebensenergie einbringt, als Sie dafür einsetzen.**

Dieser Aufforderung kommen erstaunlicherweise recht wenige Arbeitnehmer nach. Neben persönlichen Hinderungsgründen sowie Veränderungsängsten spielt erfahrungsgemäß jedoch auch Unwissenheit über die Machbarkeit eines Jobwechsels eine große Rolle.

Praxisbeispiel:

Ein Kfz-Meister kam mit seinem Sohn zu einem Beratungsgespräch. Es ging um die Suche nach einem Ausbildungsplatz. Der Vater, Herr A., hatte von seinem derzeitigen Arbeitgeber bereits eine Zusage in der Tasche. Sein Sohn könne dort die Ausbildung absolvieren. Jedoch war der Vater von diesem Angebot nicht begeistert. Das sei zu unsicher.

Sein Arbeitgeber, ein deutscher Automobilhersteller im Besitz eines amerikanischen Mutterkonzerns, hatte betriebswirtschaftliche Probleme und stand schon einige Jahre auf der Kippe. Herr A. meinte, dass er schon lange wegen der Angst um seinen Arbeitsplatz nicht mehr richtig schlafen könne. Die ganze Familie würde darunter leiden und der Freundeskreis bekäme ständig seinen Frust ab.

Ich fragte ihn, warum er als hochqualifizierte Fachkraft bereit sei, für ein inkompetentes Unternehmen zu arbeiten? Höchst erstaunt schaute er mich an. Ich sagte ihm, er solle doch einfach mal die Personalabteilungen der fünf größten deutschen Automobilkonzerne anrufen und sich erkundigen, ob eine Bewerbung Sinn machen könnte. Fragen kosten ja nichts, meinte ich. Perplex stimmte Herr A. zu.

Drei der fünf Personalabteilungen ermunterten Herrn A. zu einer Bewerbung. Diese wussten sehr wohl, dass er eine hochinteressante Fachkraft ist. Nach kurzer Zeit boten zwei von den drei Konzernen Herrn A. tatsächlich einen neuen Job an, inklusive Gehaltsverbesserung. Nach einiger Zeit entschied er sich und unterschrieb einen neuen Arbeitsvertrag. Zugleich erhielt er die Zusage, dass sein Sohn seine Ausbildung ebenfalls bei seinem neuen Arbeitgeber absolvieren könne.

Herr A. musste nun nicht mehr zittern, ob die Quartalszahlen negativ ausfielen. Vielmehr gewöhnte er sich an erfolgreiche Unternehmensmeldungen.

1.1.2 Der „Verdeckte Stellenmarkt"

Im heutigen Arbeitsmarkt wird zwischen freien Stellen unterschieden, die in Print- und Onlinemedien als Stellenanzeige erscheinen und solchen, die öffentlich nicht ausgeschrieben sind. Die Summe der vakanten Positionen, die der Öffentlichkeit vorenthalten wird, nennt man verdeckter oder grauer Stellenmarkt (oder verdeckter/grauer Arbeitsmarkt). Demzufolge ist zu unterscheiden zwischen zwei Arten von Stellenmärkten:

▦ **Veröffentlichter Stellenmarkt**

▦ **Verdeckter Stellenmarkt**

Auch hier gibt es viel Anlass zum Umdenken: Sie dürfen auf keinen Fall die Anzahl der Stellenanzeigen in Zeitungen oder im Internet mit dem tatsächlichen Umfang der im Arbeitsmarkt offenen Positionen gleichsetzen. Erinnern Sie sich an meine Eingangsworte: Zirka fünfzig Prozent aller freien Stellen zählen heute zum „Verdeckten Stellenmarkt". Wobei die Attraktivität der jeweiligen Positionen noch nicht bewertet ist. Zumindest der Großteil der interessanten Posten wird heute ‚gewöhnlichen Bewerbern' vorenthalten.

Es gibt unterschiedliche Ursachen, weshalb bestimmte Jobangebote nicht mehr so einfach zu finden sind. Einige Faktoren haben dazu beigetragen und werden im Folgenden erläutert:

▦ **Rationalisierungsmaßnahmen**

▦ **Erfolgsdruck bei Entscheidungsträgern**

▦ **Antidiskriminierungsgesetz**

▦ **Berufliche Netzwerke**

Beginnen wir mit der Hauptursache des „Verdeckten Stellenmarkts".

Rationalisierungsmaßnahmen

Die heutige Arbeitswelt ist durch Rationalisierungsmaßnahmen gekennzeichnet. Analysten, Finanzchefs und Controller haben den vermeintlichen Kostenfaktor ‚Mensch' entdeckt.

Eingesparte Personalkosten können sehr einfach in Unternehmensgewinne gewandelt werden, um diese dann als betriebswirtschaftliche Erfolge zu feiern. Mögliche unternehmerische Überforderung kann so geschickt vertuscht werden.

Aber auch ohne Not können Konzerne durch Rationalisierungsmaßnahmen gewaltige Renditen generieren und so ihre Erlöse zu Rekordzahlen pushen. Insbesondere die unglaublich hohen Wachstumsraten zahlreicher Großkonzerne basieren in vielen Fällen darauf, dass einerseits die Beschäftigungszahl sinkt, aber andererseits die Summe zu erledigender Arbeitsaufgaben gleich bleibt oder sich sogar erhöht (Politiker nennen das: „Volkswirtschaften wettbewerbsfest machen"). Das Resultat ist eine höhere Arbeitsbelastung für Mitarbeiter sowie für die Führungsriege unterer Hierarchiestufen.

Insbesondere die Beschäftigten in Personalabteilungen sind von Personalknappheit betroffen. Es liegt in der Natur der Sache, dass dort kein unmittelbarer Beitrag zum Unternehmensgewinn erzielt werden kann. Solche Abteilungen werden von Geschäftsleitungen eher als unangenehmer Kostenfaktor betrachtet. Das hat dazu geführt, dass Personaler sehr oft unter Rationalisierungsmaßnahmen zu leiden haben.

Die Veröffentlichung von freien Stellen steht oft im Widerspruch zu dem Anspruch, Kosten einzusparen.

Das Beispiel eines konservativen Personalauswahlverfahrens verdeutlicht dies: Ein Arbeitgeber hat eine freie Stelle zu besetzen. Zunächst muss definiert werden, über welches Anforderungsprofil der potenzielle Bewerber verfügen soll. Es ist eine Stellenbeschreibung notwendig. Danach muss eine Stellenanzeige entworfen werden. Ein Grafiker bzw. Webdesigner ist einzubinden. Die vakante Position muss im Internet oder in der Zeitung geschaltet werden. Zuarbeitende Mitarbeiter sind einzuweisen und müssen koordiniert werden. Wenn das Stelleninserat erschienen ist, sind Berge von Bewerbungsdaten zu sichten. Entscheidungen sind zu treffen. Das Ganze ist mit Kollegen, Bereichsleitern und Vorgesetzten abzusprechen. E-Mails und Telefonate sind notwendig. Bestätigungs-, Absage- und Einladungsschreiben werden versendet. Termine für Einstellungsgespräche müssen gefunden, organisiert und durchgeführt werden. Unter Umständen haben andere Mitarbeiter, Verantwortliche und sonstige Beisitzer anwesend zu sein. Unbekannte Bewerber, mit denen man noch nie zuvor Kontakt hatte, sind zu bewerten. Risiken sind abzuwägen, ob Daten und Aussagen der Kandidaten glaubhaft sind. Zweitgespräche stehen unter Umständen an. Weitere Entscheidungen, Sitzungen, E-Mails und Telefonate werden erforderlich und, und, und.

Jetzt stellen Sie sich einmal vor, es lägen im Vorfeld schon Kontakte zu halbwegs passenden Kandidaten vor, ohne dass irgendein großartiger Aufwand zur Personalgewinnung betrieben wurde. Wenn Sie sich nun in die Lage von Beschäftigten oder Verantwortlichen versetzen, die oft nicht wissen, wie sie ihr übriges Arbeitspensum schaffen sollen, für welche Variante der Personalauswahl würden Sie sich wohl entscheiden? Diejenige, in der man unbürokratisch und schnell auf einen bekannten Bewerber zurückgreifen kann? Oder für die eben beschriebene konservative Variante, in der das gesamte Programm eines öffentlich ausgeschriebenen Personalauswahlverfahrens durchgezogen werden muss? Die Antwort liegt sicher auf der Hand!

Betrachtet man heute die erhöhte Arbeitsbelastung, ist es mehr als verständlich, wenn Entscheidungsträger bzw. Personalreferenten sich selbst, ihren Bereichsleitern oder Vorgesetzten einreden, dass ein bereits bekannter, halbwegs passender Bewerber, den man sozusagen schon in der Hinterhand hat (und zwar ohne größeren Aufwand), der ideale Kandidat schlechthin ist.

Praxisbeispiel:

Herr B. wünschte einen Termin, um sich professionelle Bewerbungsunterlagen anfertigen zu lassen. Er wolle sich demnächst initiativ bewerben, gab er an. Er verfügte über den Berufsabschluss als Kaufmann im Gesundheitswesen und interessierte sich für eine Anstellung bei einer gesetzlichen Krankenkasse.

Er wollte zunächst eine Anstellung in der näheren Region anstreben. Vor Ort waren einige Niederlassungen größerer Krankenkassen ansässig. Ich empfahl meinem Kunden, zunächst anzurufen, bevor er ungebeten schriftliche Bewerbungsunterlagen versenden würde. So könne er erfahren, ob eine Bewerbung überhaupt sinnvoll und wer zuständig sei. Er folgte meinem Ratschlag.

Nach acht erfolglosen Anrufen landete er bei einer Krankenkasse einen ‚Treffer'. Er erhielt gleich für den kommenden Tag einen Vorstellungstermin. Dies war erstaunlich, schließlich hatte seine Gesprächspartnerin noch keine Bewerbungsunterlagen gesehen. Herr B. sollte sie zum Termin einfach mitbringen. Es war im Übrigen eine Sachbearbeiterstelle zu besetzen.

Später stellte sich Folgendes heraus: Die Personalchefin, mit der Herr B. zuvor telefoniert hatte, kam mit ihrer Arbeit nicht nach. Sie schob einen Berg zu erledigender Aufgaben vor sich her. Der zeitliche Druck war enorm, da die Personalabteilung mittlerweile nur noch aus ihr selbst, einer Mitarbeiterin, einem Praktikanten und einem Auszubildenden bestand.

Dann rief bekanntlich mein Kunde an. Herr B. hatte den Eindruck, dass seine Ansprechpartnerin sehr erleichtert über seinen Anruf war. Seine Qualifikation passte in das gewünschte Anforderungsprofil. Mit einem einzigen Gespräch könnte sie den gesamten Vorgang noch am gleichen Tag vom Tisch bekommen, weihte die Personalchefin meinen Kunden redselig ein. Das Vorstellungsgespräch dauerte gerade einmal dreißig Minuten.

Im Anschluss daran rief sie ihren Niederlassungsleiter an, ob er spontan Zeit habe. Er bejahte die Frage. Daraufhin nahm die Personalchefin Herrn B. gleich mit und sie gingen eine Etage höher. Es wurde ein kurzes Gespräch zu dritt improvisiert. Die Personalerin verkaufte ihrem Chef sehr eindrucksvoll, dass Herr B. der richtige Kandidat sei.

Zwei Wochen später wurde der Arbeitsvertrag unterschrieben. Die betreffende Stelle war im Internet oder in Zeitungen nie als Stellenanzeige erschienen.

Darüber hinaus darf man die Befürchtung der Arbeitgeber, von einer zu hohen Anzahl eingehender Bewerbungen überrollt zu werden, nicht unterschätzen. Wird für ein gängiges Berufsbild ein Inserat geschaltet, ist der Eingang sehr vieler Bewerbungsunterlagen keine Seltenheit. Verfügt ein Unternehmen über keine ausreichende Personaldecke, werden schnell administrative Grenzen erreicht. Wenn es zudem noch kein Bewerberportal auf der Homepage des Unternehmens gibt, auf das Kandidaten bequem zur Onlinebewerbung verwiesen werden können, kann das Ganze aus Arbeitgebersicht unangenehme Folgen haben. Eine Unmenge von Unterlagen, die per E-Mail oder als Mappe eingehen, müssen bearbeitet werden. Wenn einmal eine solche Situation erlebt wurde, überlegt sich so manche Firma, ob sie jemals wieder eine Stellenanzeige veröffentlicht.

Selbstverständlich gibt es noch genügend Unternehmen, in denen die Arbeitsbelastung der Beschäftigten das Normalmaß nicht übersteigt. Solche Arbeitgeber verfügen über die finanziellen und strukturellen Voraussetzungen, um eine große Menge eingehender Bewerbungsunterlagen zu bearbeiten sowie viele Einstellungsgespräche zu führen. Dennoch unterliegen auch bei diesen Firmen viele Entscheidungsträger der Versuchung, ohne großen zeitlichen Aufwand freie Positionen besetzen zu können.

Erfolgsdruck bei Entscheidungsträgern

Eine typische Frage an Mitarbeiter ist oft: „Herr Mustermann, kennen Sie jemanden, der für die Stelle XY geeignet sein könnte?" Meist ist es ausreichend, eine offene Stelle betriebsintern zu kommunizieren. Vorausgesetzt, es handelt sich um eine interessante Position, so spricht sich das in Windeseile herum (im Gegensatz zu solchen Positionen, die keiner haben will). Schnell gehen einige Bewerbungen ein, obwohl noch kein Aufwand zur Personalbeschaffung betrieben wurde. Liegen dazu persönliche Empfehlungen von Mitarbeitern vor, ist das der Idealfall für jeden Arbeitgeber. Solche Kandidaten sind vertrauenswürdiger. Im Gegensatz zu unbekannten Bewerbern ist es hier bedeutend wahrscheinlicher, dass die Unterlagen und die darin gemachten Angaben glaubhaft sind. Das Risiko, die falsche Frau oder den falschen Mann einzustellen, kann somit deutlich reduziert werden. Insbesondere attraktive, wichtige Positionen können so schnell besetzt werden. Dies bringt Sicherheit für alle, die für die Auswahl von Personal zuständig und verantwortlich sind.

Führungskräfte können es sich heute nicht mehr leisten, für eine Fehlbesetzung verantwortlich gemacht zu werden.

Einige Unternehmen zahlen schon heute Kopfprämien an ihre Belegschaft, wenn Empfehlungen ausgesprochen werden.

Das Antidiskriminierungsgesetz

Das „Allgemeine Gleichbehandlungsgesetz (AGG)" soll Benachteiligungen von Personen aus Gründen der ethnischen Herkunft, des Geschlechts, der Religion oder Weltanschauung, einer Behinderung, des Alters oder der sexuellen Identität verhindern.

Grundsätzlich steht natürlich außer Frage, dass diese Gesetzesregelung notwendig und wichtig ist. Leider hat sie in einem Punkt zu einer Fehlentwicklung geführt. Viele Unternehmen scheuen mittlerweile das Risiko, öffentlich ihre internen Anforderungen an potenzielle Kandidaten zu nennen. So manches Stelleninserat kann deshalb nicht mehr zielgenau geschaltet werden. Es muss demnach allgemeingültig formuliert werden. Eine zu hohe Menge unpassender Bewerbungen aufgrund zu weit gefasster Inserate wäre die logische Folge.

Praxisbeispiel:

Der Inhaber eines Großhandelsunternehmens für Trockenbaumaterialien rief mich an. In seiner Firma sei eine Position in der Kundenberatung zu besetzen. Es würde jemand gesucht, der zudem einen handwerklichen Hintergrund habe. Er erkundigte sich, ob ich weiterhelfen könne. Ich versprach, mir Gedanken zu machen und fragte ihn, warum er nicht einfach ein Inserat schalte. Schließlich sei die gesuchte Qualifikation nicht so ungewöhnlich.

Der Firmenchef erklärte daraufhin: „Wir streben eine zeitgemäße Personalstruktur an. Daher bevorzugen wir eine weibliche Bewerberin. Das ist für die Baubranche eher unüblich. Darüber hinaus sollte ihr Alter zwi-

schen 35 und 40 Jahren liegen, da sie in ein Team mit einer ähnlichen Altersstruktur eingebunden wird. Falls wir diese Anforderungen und einige andere interne Kriterien in ein Stelleninserat packen würden, stünde das aber im Widerspruch mit dem Gleichbehandlungsgesetz. Wir müssten das Ganze also allgemein formulieren. Dann ginge jedoch eine Masse von Bewerbungsunterlagen ein, bei denen die Mehrzahl der Kandidaten aber nicht passen würde. Diesen zeitlichen Aufwand können wir uns nicht leisten."

Jeder Arbeitgeber muss heute in erheblichem Umfang darauf achten, nicht gegen die Vorgaben des Gleichbehandlungsgesetzes zu verstoßen. Das hat leider zur Reduzierung von veröffentlichten Stellenangeboten geführt.

Berufliche Netzwerke

Es gibt heute einen hohen Prozentsatz von Bewerbern, die direkt mit Arbeitgebern kommunizieren – vorbei an den typischen Bewerbungspfaden. Solche Leute nutzen gut gepflegte Datenbanken über wichtige Ansprechpartner, die sie sich frühzeitig geschaffen haben.

Viele Arbeitnehmer haben sich ein berufliches Netzwerk aufgebaut, auf das sie bei Bewerbungen zurückgreifen.

Solche Jobsuchende sind natürlich schneller und besser informiert als ihre übrigen Mitbewerberinnen und Mitbewerber. Sie müssen lediglich ein paar Telefonate tätigen, wenige E-Mails schreiben oder einige persönliche Gespräche führen. Schnell hat man sich einen Überblick über aktuelle Vakanzen im Arbeitsmarkt verschafft. Danach sind lediglich noch ein paar Vorstellungsgespräche vonnöten, um sich die besten Positionen zu ergattern. Bedauerlicherweise verraten solche Menschen ihr Erfolgsgeheimnis recht selten. Von außen betrachtet wird dann gestaunt über das ‚glückliche Händchen' bei neuen Jobs oder über außergewöhnliche Karriereverläufe mancher Leute.

Bei Unternehmen sind solche Networker durchaus hoch angese-

Dieter L. Schmich

hen. Arbeitnehmer, die sich informieren und zudem den Mut haben, zum Telefonhörer zu greifen oder auf sonstigem direkten Weg mit dem richtigen Ansprechpartner in Kontakt zu treten, haben bei Firmen einen guten Ruf. Ihnen wird grundsätzlich unterstellt, auch im Berufsalltag ihre Arbeitsaufgaben ähnlich zielorientiert, strategisch und eigenverantwortlich zu erfüllen. Zudem ist es für Personalverantwortliche bequemer, unbürokratischer und vor allem zeitsparender, auf solche Jobsuchenden zurückzugreifen. In diesen Fällen ist die Veröffentlichung von Stellenanzeigen nicht notwendig. Man kennt bereits die richtigen Kandidaten.

Freie Positionen, die über soziale oder berufliche Netzwerke besetzt werden können, erscheinen selten als Stellenanzeige.

Personalabteilungen, Führungskräfte oder sonstige für Einstellungen zuständige Verantwortliche sind sich sehr wohl darüber bewusst, dass die Chance auf einen besser qualifizierten Bewerber deutlich höher liegt, wenn sie sich für die Durchführung eines umfangreichen, konventionellen Personalauswahlverfahrens entscheiden würden. Dennoch greifen viele auf bestehende Netzwerke zurück, weil sie so auf eine bequeme und zeitsparende Weise ihre Einstellungen vornehmen können.

1.1.3 Der „Veröffentlichte Stellenmarkt"

Es gibt aber auch einige Ausnahmen zum „Verdeckten Stellenmarkt". Arbeitgeber müssen immer dann ihre freien Stellen umfangreich ausschreiben, wenn es nicht genügend geeignete Kandidaten gibt. Das heißt, wenn Qualifikationen gesucht werden, die derzeit auf dem Arbeitsmarkt sehr gefragt sind. Solche Vakanzen können von den Arbeitgebern nur schwer besetzt werden.

Ein Beispiel ist der aktuelle Fachkräftemangel. Dabei geht es meist um Spezialkenntnisse oder begehrte Berufsbilder im technischen, naturwissenschaftlichen, handwerklichen und sozialen Bereich. Mittlerweile sind dahingehend Qualifizierte auf dem Arbeitsmarkt nur noch schwer zu bekommen. Firmen müssen sich mit entsprechenden Veröffentlichungen engagieren. In diesem Fall sind Inserate nichts anderes als eine Art Marketingmaßnahme, um mehr geeignete Kandidaten zu erreichen und damit anzuziehen. In diesen Fällen sind tatsächlich in Zeitungen, Fachzeitschriften, Onlinebörsen oder auf den Internetseiten der Firmen interessante Stellenanzeigen zu finden.

Es gibt weitere Ausnahmen zum „Verdeckten Stellenmarkt": Bestimmte Positionen unterliegen einer gesetzlichen Veröffentlichungspflicht. Das betrifft in der Regel Stellen im Öffentlichen Dienst oder solche, die dem Öffentlichen Dienst gleichgestellt sind.

Praxisbeispiel:

Ich führte eine Trainingsmaßnahme für Langzeitarbeitslose bei einem privaten Bildungsträger durch. Unter den Teilnehmern befand sich eine Justizfachangestellte. Frau F. war mobil und telefonierte im Rahmen von Initiativaktivitäten Behörden, Amts- und Landgerichte ab. Sie versuchte, wieder in den Öffentlichen Dienst einzusteigen.

Einmal hatte sie einen Herrn am Telefon, dessen Stimme ihr vertraut vorkam. Es stellte sich heraus, dass es sich um einen ehemaligen Kollegen handelte, der mit ihr die Berufsausbildung absolviert hatte. Er war zwischenzeitlich in einer anderen Stadt tätig. Frau F. hatte Glück. Bei seiner Behörde war tatsächlich eine Stelle frei – es wurde eine Verwaltungsangestellte gesucht. Der ehemalige Kollege beschrieb ihr die freie Stelle und sie war begeistert. Die Region und das Tätigkeitsfeld sagten Frau F. sehr zu.

Allerdings war bereits vor drei Wochen eine Anzeige in der örtlichen Tageszeitung erschienen. Die Bewerbungsfrist war bereits abgelaufen. Einladungen für Vorstellungsgespräche wären bereits versandt. Sie solle sich aber keine Sorgen machen, so der Bekannte. Sie könne noch heute vorbeikommen und die Bewerbungsmappe persönlich abgeben. Obwohl die Stadt 120 Kilometer von ihrem Wohnort entfernt lag, machte sich Frau F. dennoch sofort auf den Weg, sodass sie schon nachmittags dort ankam. Zudem freute sie sich, ihren ehemaligen Kollegen mal wieder zu sehen.

Um es kurz zu machen: Frau F. erhielt noch für die darauffolgende Woche ein Vorstellungsgespräch. Eine Woche später unterschrieb sie den Arbeitsvertrag.

Unterliegen Positionen der Veröffentlichungspflicht und erscheinen demnach als Inserat in der Zeitung, heißt dies noch lange nicht, dass die Stellen tatsächlich noch frei sind. Erfahrungsgemäß sind zumindest die interessantesten Positionen schon zum Zeitpunkt des Erscheinens der Anzeige inoffiziell vergeben.

Es gibt noch eine letzte wichtige Ursache, warum Arbeitgeber gezwungen sind, umfangreich Stellenanzeigen zu schalten. Das ist immer dann der Fall, wenn Folgendes gegeben ist:

- **Gebotene Gehälter, Arbeitszeiten, Anstellungsdauer, Arbeitsbedingungen oder die Region sind uninteressant.**

- **Es geht um Zeitarbeit.**

- **Die angebotenen Jobs haben einen sonstigen ‚Haken'.**

Leider sind diese drei Punkte oft die Hauptursache für veröffentlichte Stellenanzeigen. Setzen Arbeitskonditionen keine ausreichenden Anreize, kommen interessante Kandidaten natürlich nicht automatisch auf Arbeitgeber zu. Es besteht schlicht Desinteresse auf der Bewerberseite. Die betreffenden Arbeitgeber müssen also auch hier mithilfe von Stellenanzeigen Werbung für ihre Vakanzen machen.

Zusammengefasst werden Stellenangebote in der Regel also nur dann öffentlich ausgeschrieben, wenn mindestens eines der folgenden drei Kriterien erfüllt ist:

1. **Es werden begehrte berufliche Qualifikationen gesucht.**

2. **Es müssen Positionen besetzt werden, die für Bewerber nicht ausreichend attraktiv sind.**

3. **Es besteht Veröffentlichungspflicht.**

Falls Ihr berufliches Profil auf dem Arbeitsmarkt sehr gefragt ist, betrifft Sie natürlich der erste Punkt. In diesem speziellen Fall ist die Sichtung von geschalteten Stellenanzeigen besonders sinnvoll. Wenn Sie in dieser komfortablen beruflichen Situation sind, wären Sie es zudem gewohnt, dass andere Unternehmen versuchen, Sie von Ihrem derzeitigen Arbeitgeber abzuwerben. Das einzige Problem, das Sie hätten, ist die Qual der Wahl. Verfügen Sie über sehr begehrte Kenntnisse und Fähigkeiten, dann benötigen Sie keinen Bewerbungsratgeber. Da Sie jedoch gerade einen solchen in der Hand halten, verzeihen Sie mir bitte die Annahme, wenn ich Ihnen unterstelle, dass Sie von dem ersten Grund, warum Stellenanzeigen öffentlich ausgeschrieben werden, derzeit noch nicht betroffen sind.

Weiterhin setze ich voraus, dass Sie sich nicht für unattraktive Posten interessieren. Schließlich ist das Ziel dieses Buchs, einen besseren Job zu finden. Niemand hält Ausschau nach schlechten Konditionen, perspektivloser Zeitarbeit oder sonstigen inakzeptablen Arbeitsbedingungen. Damit kann für Sie das zweite Kriterium für veröffentlichte Inseraten ebenso entfallen.

Der dritte Punkt betrifft nur solche Bewerber, die eine Position im Öffentlichen Dienst suchen. Aber auch hier sollten Sie der Realität ins Auge schauen: Erfahrungsgemäß sind zumindest die interessantesten Posten bereits vergeben, bevor sie als Stellenanzeige erscheinen.

Abschließend stelle ich fest, dass alle genannten Konstellationen, in denen Arbeitgeber gezwungen sind, Stellenanzeigen zu schalten, die Mehrzahl der Leserinnen und Leser nicht betrifft. Insbesondere diejenigen nicht, die nicht nur schnell, sondern insbesondere interessante berufliche Alternativen suchen.

Natürlich wird es auch Ausnahmen geben (wie immer). Dennoch werden Sie sicher zustimmen, wenn ich folgendes Fazit ziehe:

> **Zeitgemäße Bewerbungsstrategien müssen unbedingt auch öffentlich nicht ausgeschriebene Stellen mit einbeziehen.**

Dieter L. Schmich

Bevor ich aufzeige, wie Sie zum Spezialisten für das Aufspüren verdeckter Positionen werden, sind von Ihnen zunächst weitere Startbedingungen zu erfüllen.

1.2 Selbstbewusstsein verbessern

Es ist immer wieder sehr bedauerlich, wenn sich Jobsuchende auf eine hochinteressante Stelle bewerben, dabei vielleicht sogar die einzige Kandidatin oder der einzige Kandidat sind und sie nur deshalb den Arbeitgeber nicht überzeugen können, weil sie selbst nicht so recht wissen, warum sie geeignet sind.

Wie sieht es bei Ihnen aus? Sind Sie sich schon darüber bewusst, dass Sie einiges zu bieten haben? Über welches berufliche Profil verfügen Sie denn? Können Sie Ihre Vorteile für Arbeitgeber komprimiert in ein paar wenigen Sätzen aussagekräftig vermitteln, wenn Sie danach gefragt werden? Welchen grundsätzlichen Nutzen bieten Sie aufgrund Ihrer Berufspraxis und welchen durch Ihre Persönlichkeit?

Bedenken Sie bitte, dass Sie jemanden suchen, der Ihnen regelmäßig einen Geldbetrag auf Ihr Konto überweisen soll.

Dafür haben Sie etwas zurückzugeben. Und genau diese in Aussicht gestellte Gegenleistung ist für einen Arbeitgeber maßgeblich, wenn er sich mit der Frage beschäftigt, ob er Sie persönlich kennenlernen bzw. einstellen möchte oder nicht. Und dabei geht es nicht um Ihre subjektive Meinung zu diesem Thema, sondern darum, wie sich das Ganze aus Sicht eines Arbeitgebers verhält. Denn er bezahlt dafür.

Leider unterschätzen sich viele Arbeitnehmer erheblich, obwohl sie durchaus über interessante Berufserfahrungen verfügen. Dies ist zu verstehen, schließlich meistert man im Laufe seiner tagtäglichen Arbeit irgendwann viele Aufgaben routiniert und sozusagen aus dem

Handgelenk heraus. Schnell entsteht der subjektive Eindruck, dass das, was man tut, nichts mehr Besonderes sei. Das ist aber ein schwerwiegender Irrtum.

Sie sollten sich beruflich Ihrer selbst bewusst werden.

Welche Fähigkeiten und Fertigkeiten haben Sie sich aus Sicht von Unternehmen angeeignet? Unterlassen Sie in diesem Zusammenhang bitte falsche Bescheidenheit. Insbesondere für die hier vorgestellte Bewerbungsstrategie müssen Sie objektiv Ihre Vorteile für Arbeitgeber auf den Punkt bringen können. Darüber hinaus haben Sie immer daran zu denken, dass Unternehmen ‚Arbeitskraft' sozusagen ‚einkaufen' möchten. Um Sie mit anderen Bewerbern in Relation setzen zu können, ist Ihr Gegenüber auf aussagekräftige Informationen Ihrerseits angewiesen. Sie kaufen privat ja auch nichts ein, ohne sich Vergleichsangebote anzuschauen. Produkte oder Dienstleistungen, über die Sie nichts oder zu wenig erfahren, lassen Sie sicher links liegen.

Das Prinzip ‚Verkaufen' ist Ihnen hinreichend bekannt. Sie beachten es automatisch in vielen Bereichen Ihres Lebens. Wenn Sie beispielsweise einen Pkw veräußern möchten, werden Sie in Ihrer Anzeige sicher nicht schreiben „Fahrzeug kann fahren, hat einen Motor, ein Lenkrad und vier Räder". Sie werden vielmehr von Sonderausstattungen sprechen und grundsätzlich von dem, was Ihren Pkw von anderen Fahrzeugen positiv unterscheidet. Sie werden Ihr Fahrzeug sozusagen ins rechte Licht rücken! Wenn es um Privates geht, sind fast alle durchaus in der Lage, Marketing zu betreiben. Geht es hingegen um berufliche Belange, wird vieles davon vergessen.

Im Rahmen Ihrer Startvorbereitungen müssen Sie sich also auch Ihrem beruflichen Profil widmen. Es beschreibt grundsätzlich Ihre Arbeitskraft und stellt damit Ihre beruflichen ‚Sonderausstattungen' dar. Ihr Profil ist demnach zu analysieren.

Grundsätzlich können Sie einem Arbeitgeber fachliche Vorteile bieten. Aber auch in Ihrer Persönlichkeit stecken Fähigkeiten, die von

Dieter L. Schmich

großem Nutzen für ein Unternehmen sein können. Demnach besteht Ihr berufliches Profil aus zwei Hauptbestandteilen:

1. **Fachlicher Teil (Hardskills)**

2. **Charakterlicher Teil (Softskills)**

1.2.1 Hardskills

Der fachliche Bestandteil Ihres Profils setzt sich wie folgt zusammen:

* **Abschlüsse (Berufsausbildung, Studium, Weiterbildungen etc.)**

* **Berufserfahrungen**

Im Grunde genommen wird nicht Ihr Abschluss auf dem Arbeitsmarkt gesucht, sondern die sich daran anschließende Berufserfahrung. Die Berufsausbildung per se, ohne Praxiskenntnisse, bietet Firmen kaum unmittelbaren Nutzen. Erst wenn Sie in Ihrem erlernten (studierten) Beruf tätig waren, haben Sie bewiesen, dass Sie auch im Arbeitsalltag die theoretischen Kenntnisse umsetzen können. Erst dann wird Ihr Profil tatsächlich wertvoll. Die Anstellung eines Berufseinsteigers direkt nach seiner Ausbildung ist für ein Unternehmen eher eine Investition in die zukünftige Arbeitsleistung eines Mitarbeiters.

Es werden in der Hauptsache Berufserfahrungen gesucht.

Auf den nächsten Seiten folgen nun Tabellen, mit deren Hilfe Sie sich Ihre bisher gesammelten Praxiskenntnisse erarbeiten können. Grundsätzlich sollten Sie sich auf Ihre Berufserfahrungen der letzten fünf bis zehn Jahre konzentrieren (zur Not auch fünfzehn Jahre, falls diese für Ihren Berufwunsch relevant sind). Sie brauchen jetzt noch nicht in ‚bedeutend' oder ‚unbedeutend' zu kategorisieren. Das Ziel dieses ersten Schrittes ist lediglich, eine wertfreie Stoffsammlung aller Aktivitäten Ihrer jüngeren beruflichen Laufbahn zu erhalten.

Dieses Buch erhebt den Anspruch, für alle Branchen bzw. Berufswünsche geeignet zu sein. Ich bin daher gezwungen, eine Unmenge von möglichen Praxiskenntnissen aufzuzählen. Zusätzlich möchte ich Sie inspirieren, welche Berufserfahrungen es grundsätzlich gibt, an die Sie derzeit vielleicht noch gar nicht gedacht haben. Dennoch werden über neunzig Prozent aller Kästchen innerhalb der nun folgenden Tabellen Sie nicht betreffen. Überspringen Sie diese einfach und bearbeiten nur das, was zu Ihrer spezifischen Situation passt.

> **Konzentrieren Sie sich bitte darauf, was Sie können und nicht darauf, was Sie nicht können.**

Denken Sie sich jetzt in Ihre aktuelle/letzte Anstellung hinein (bzw. in die letzten Beschäftigungsverhältnisse vergangener Jahre) und vergleichen Sie Ihren Berufsalltag mit den Stichworten in der linken Spalte. Falls Sie zu den jeweiligen Punkten bestimmte Aufgaben, Verantwortlichkeiten oder Positionen innehatten, dann schreiben Sie im freien Feld rechts davon, was es genau war. Notieren Sie sich zunächst auch jede Kleinigkeit. An dieser Stelle haben Sie lediglich das Ziel, spontan eine wertfreie Stoffsammlung zusammenzustellen. Erst nachdem Sie diesen ersten Schritt erledigt haben, geht es an das Bewerten der gefundenen Punkte (dazu mehr im nächsten Kapitel).

Wie gesagt, machen Sie sich bitte keine Sorgen, wenn Sie nur zwei bis drei Kästchen bearbeiten können. Dies ist normal und liegt in der Natur der Sache.

Wertfreie Stoffsammlung: Berufserfahrungen	
Büroorgani-sation, Sekretariat?	

Dieter L. Schmich

Wertfreie Stoffsammlung: Berufserfahrungen

Sachbearbeitung?

Ausstellen von Arbeits- und Verdienstbescheinigungen?

Datenpflege? Berichts- oder Belegwesen?

Kundenbetreuung oder -empfang?

Kundenberatung und Verkauf? Kundenakquisition?

Wertfreie Stoffsammlung: Berufserfahrungen

Besondere
Verkaufser-
folge?

Terminver-
einbarungen
oder -koordi-
nation?

Auftragsab-
wicklung,
Vertriebsin-
nendienst
oder sonsti-
ge Verkaufs-
unterstüt-
zungen?

Vertrags-,
Einkaufs-
oder Preis-
verhandlun-
gen?

Marketing
und Promo-
tion?
Besondere
Verkaufsak-
tionen z.B.
Mailings
oder Telefo-
nate?

Wertfreie Stoffsammlung: Berufserfahrungen

Sonstige Kundenerfahrungen?

Marktbeobachtung, Recherche oder Marktforschung?

Controlling?

Buchhaltung, Rechnungswesen oder Kassenbuch?

Kalkulation, Kostenrechnung oder Angebotserstellung?

Wertfreie Stoffsammlung: Berufserfahrungen

Angebots-
prüfung?

Lieferanten-
gespräche?

Bankvoll-
macht,
Prokura oder
sonstige
Vollmach-
ten?

Liquiditäts-
kontrolle
oder Bud-
get-
Verantwor-
tung?

Erstellung
Korrespon-
denz?
Mehrspra-
chig?

Dieter L. Schmich

Wertfreie Stoffsammlung: Berufserfahrungen

Bearbeitung oder Management von Reklamationen?

Analysen, Statistiken oder Aufbereitung von Zahlen und Kennwerten?

Personalauswahl, Einstellungsgespräche oder Rekrutierung?

Bereichs-, Filial-, Team-, Gruppen- oder Abteilungsleitung? Für wie viel Mitarbeiter?

Operative oder strategische Managementaufgaben?

Wertfreie Stoffsammlung: Berufserfahrungen

Sonstige Verantwortlichkeiten, Stellvertretungen oder Führungsaufgaben?

Personaleinsatzplanung?

Zielvereinbarungen, Mitarbeitergespräch, Leitung von Teamsitzungen?

Qualitätsmanagement und ISO 9000ff?

Eigene Projekte? Leitung oder Mitverantwortlichkeit?

Dieter L. Schmich

Wertfreie Stoffsammlung: Berufserfahrungen

Durchführung von Schulungen oder sonstigen Fortbildungen?

Besondere technische Kenntnisse und Fähigkeiten?

Entwicklungen und Konstruktionen?

Software- oder Hardwarekenntnisse?

Internet, sonstige Telekommunikation?

Wertfreie Stoffsammlung: Berufserfahrungen

Handwerkli-che Fähig-keiten?	
Material-kenntnisse? Besondere Verfahren?	
Inbetrieb-nahme?	
Beauftra-gungen, z.B. Feuerschutz oder Sicher-heit?	
Ein- und Auslagerun-gen?	

Dieter L. Schmich

Wertfreie Stoffsammlung: Berufserfahrungen

Lieferschein-
erstellung
und Kontrol-
le?

Logistik-
kenntnisse,
Warenver-
sand?

Versandbe-
dingungen
oder Zollab-
wicklungen?

Überwa-
chung von
Liefertermi-
nen?

Warenkon-
trolle, Quali-
tätsprüfung?

Wertfreie Stoffsammlung: Berufserfahrungen

Warenplatzierung, Schaufenster oder sonstige Warenpräsentation?

Planung und Steuerung von Material, Produktion und Abläufen?

Reden, Vorträge oder Präsentationen?

Entwurf von Prospekten oder Broschüren?

Redaktionelle Arbeiten?

Dieter L. Schmich

Wertfreie Stoffsammlung: Berufserfahrungen
Texten, Lektorieren, Redigieren oder Korrekturlesen?
Eventkonzeption oder Durchführung und Organisation von sonstigen Veranstaltungen?
Öffentlichkeitsarbeit, PR?
Grafische oder sonstige kreative Arbeiten?
Pädagogische und therapeutische Erfahrungen?

Wertfreie Stoffsammlung: Berufserfahrungen

**Sprach-
kenntnisse
oder Sprach-
reisen?**

**Praktische
Anwendung
von Fremd-
sprachen?**

**Führerschei-
ne und
Zertifikate?**

**Besondere
Zulassungen
und Berech-
tigungen?**

**Auszeich-
nungen und
sonstige
Erfolge?**

Dieter L. Schmich

Wertfreie Stoffsammlung: Berufserfahrungen

Fachspezifische Kenntnisse und Fähigkeiten?

Juristische Aufgabenfelder?

Maßgebliche Probleme gelöst?

Verbesserungsvorschläge eingereicht und angenommen?

Pflegerische, erzieherische oder sonstige soziale Tätigkeiten?

Wertfreie Stoffsammlung: Berufserfahrungen

Sonstiges?

Im Übrigen kann die vorstehende Tabelle keinen Anspruch auf Vollständigkeit erheben. Dafür ist die Anzahl der Varianten möglicher Berufserfahrungen zu gewaltig.

Eines ist jedoch sicher: Diese kurze Selbstanalyse Ihrer fachlichen Stärken ist die anspruchsvollste Aufgabe, die ich Ihnen in diesem Buch stelle (falls Sie den ersten Band der Karriere-Trilogie nicht kennen, wo eine ähnliche Übung zu meistern ist). Es ist nicht nur eine Fleißaufgabe, sondern erfordert viel Konzentration. Machen Sie sich bitte diese Mühe. Es rentiert sich. Sicher werden auch Sie danach sehr überrascht sein, über welche enormen Kenntnisse und Fähigkeiten Sie tatsächlich verfügen. Dies wird Ihre Fähigkeit, sich vorteilhaft gegenüber möglichen Arbeitgebern darzustellen, gewaltig verbessern.

Besprechen Sie die Ergebnisse auch mit Menschen Ihres Vertrauens. Je mehr Feedback Sie sich einholen, umso besser. Erfahrungsgemäß schätzen andere Personen Sie höher ein als Sie selbst.

Bevor wir zur Bewertung und Strukturierung Ihrer fachlichen Stoffsammlung gelangen, sind noch Ihre persönlichen Stärken unter die Lupe zu nehmen.

1.2.2 Softskills

Wir widmen uns nun Ihren Persönlichkeitsmerkmalen. Diese sind der zweite Bestandteil Ihres beruflichen Profils. Sie verfügen sicher über einige charakterliche Stärken, die für potenzielle Arbeitgeber interessant sind. Im Folgenden können Sie mögliche Eigenschaften ankreuzen. Nehmen Sie sich genügend Zeit und gehen Sie Punkt für Punkt in Ruhe durch:

	Sehr gut	Gut	Durch-schnittlich	Unterdurch-schnittlich
Abschlusssicherheit	☐	☐	☐	☐
Allgemeinwissen	☐	☐	☐	☐
Analytische Fähigkeiten	☐	☐	☐	☐
Anpassungsvermögen	☐	☐	☐	☐
Arbeitseffizienz	☐	☐	☐	☐
Aufgeschlossenheit	☐	☐	☐	☐
Beobachtungsgabe	☐	☐	☐	☐
Begeisterungsfähigkeit	☐	☐	☐	☐
Blick für das Machbare	☐	☐	☐	☐
Detailtreue	☐	☐	☐	☐
Diplomatisches Geschick	☐	☐	☐	☐
Durchhaltevermögen	☐	☐	☐	☐
Durchsetzungsvermögen	☐	☐	☐	☐
Eigeninitiative	☐	☐	☐	☐
Einfühlungsvermögen	☐	☐	☐	☐
Eigenverantwortung	☐	☐	☐	☐
Entscheidungsfreude	☐	☐	☐	☐
Geduld	☐	☐	☐	☐
Gehobene Umgangsformen	☐	☐	☐	☐

	Sehr gut	Gut	Durch-schnittlich	Unterdurch-schnittlich
Herzlichkeit	☐	☐	☐	☐
Kommunikationsfähigkeit	☐	☐	☐	☐
Kontaktfähigkeit	☐	☐	☐	☐
Kooperationsfähigkeit	☐	☐	☐	☐
Konzentrationsfähigkeit	☐	☐	☐	☐
Kreativität	☐	☐	☐	☐
Körperliche Fitness	☐	☐	☐	☐
Kunden- u. Serviceorientie-rung	☐	☐	☐	☐
Lernbereitschaft	☐	☐	☐	☐
Leistungsfähigkeit	☐	☐	☐	☐
Logisches Denkvermögen	☐	☐	☐	☐
Loyalität	☐	☐	☐	☐
Optimismus	☐	☐	☐	☐
Organisationsfähigkeit	☐	☐	☐	☐
Positives Denken	☐	☐	☐	☐
Praktische Intelligenz	☐	☐	☐	☐
Qualitätsbewusstsein	☐	☐	☐	☐
Problemlösungskompetenz	☐	☐	☐	☐
Realitätssinn	☐	☐	☐	☐
Selbstdisziplin	☐	☐	☐	☐
Selbstständigkeit	☐	☐	☐	☐

Dieter L. Schmich

	Sehr gut	Gut	Durch-schnittlich	Unterdurch-schnittlich
Soziale Kompetenz	☐	☐	☐	☐
Sprachgewandtheit	☐	☐	☐	☐
Stressbeständigkeit	☐	☐	☐	☐
Technisches Verständnis	☐	☐	☐	☐
Teamgeist	☐	☐	☐	☐
Toleranz	☐	☐	☐	☐
Verantwortungsbewusstsein	☐	☐	☐	☐
Überzeugungskraft	☐	☐	☐	☐
Unternehmerisches Denken	☐	☐	☐	☐
Verkäuferisches Geschick	☐	☐	☐	☐
Zügige Arbeitsweise	☐	☐	☐	☐
Sonstiges:	☐	☐	☐	☐
Sonstiges:	☐	☐	☐	☐
Sonstiges:	☐	☐	☐	☐

Beispielsweise nennt die Mehrzahl aller Jobsuchenden in ihren Anschreiben oder Vorstellungsgesprächen „Zuverlässigkeit" als maßgebliche Charakterstärke. Demzufolge ist das keine einzigartige Stärke, mit denen Sie sich von anderen Bewerbern unterscheiden können. Ich habe deshalb einige charakterliche Selbstverständlichkeiten in der vorstehenden Liste nicht mit aufgenommen.

Auch für Ihr Persönlichkeitsprofil sollten Sie übrigens andere Menschen um ihre Meinung bitten. Befragen Sie Arbeitskollegen, Ihre Familie oder Ihre Freunde, welche Merkmale man an Ihnen schätzt. Sie werden über die Aussagen positiv überrascht sein!

1.2.3 Ihre „Berufliche Botschaft"

Damit Sie sich beruflich zeitgemäß darstellen können, steht jetzt ein weiterer, abschließender Schritt im Rahmen der Kurzanalyse Ihres beruflichen Profils an. Durch die Bearbeitung der beiden letzten Kapitel liegen Ihnen zwei Stoffsammlungen vor. Die Punkte für Ihre Berufserfahrungen und die für Ihre charakterlichen Stärken.

Jedoch müssen Ihre Notizen noch geordnet und bewertet werden, um im Ergebnis komprimierte und schnell kommunizierbare Informationen zu erhalten. Dazu haben Sie sich in die Situation von Arbeitgebern zu versetzen: Welche der notierten Kenntnisse, Fähigkeiten und Persönlichkeitsmerkmale stellen tatsächlich einen Nutzen aus der Sicht eines Unternehmens dar? Und vor allem, welche Punkte Ihres Profils unterscheiden sich positiv von anderen Bewerberinnen und Bewerbern? Bedenken Sie dabei immer wieder:

Unternehmen wollen in letzter Konsequenz Gewinne erzielen.

Wie können Sie aufgrund Ihres beruflichen Profils dazu beitragen? Darüber hinaus gilt es, einen weiteren wichtigen Punkt zu beachten:

Vorgesetzte wünschen sich im Prinzip das Gleiche wie Sie.

Bedenken Sie also, dass diejenigen, die Sie einstellen können, ebenso vorankommen, ein hohes Einkommen erzielen oder eine hohe Arbeitszufriedenheit erreichen möchten. Welche Ihrer Fähigkeiten fördern die Karriere von Vorgesetzten, ersparen ihnen Zeit und Mühe oder verbessern allgemein deren berufliche Situation?

Um Ihre erarbeitete Stoffsammlung ideal bewerten zu können, sollten Sie sich also immer zwei prinzipielle Fragen stellen:

1. **Welche der Punkte meiner Stoffsammlung tragen direkt oder indirekt dazu bei, Gewinne von Arbeitgebern zu erhöhen oder die berufliche Situation von Entscheidungsträgern zu verbessern?**

2. **Was hebt mich dabei von anderen Bewerbern ab?**

Blättern Sie jetzt zurück und gehen Sie Ihre Aufzeichnungen noch einmal durch. Spielen Sie ein bisschen Detektiv. Beginnen Sie mit der ersten Stoffsammlung, die Ihre Berufserfahrungen betrifft: Streichen Sie nun alle Stichpunkte durch, die für Arbeitgeber nicht ausreichend Vorteile bringen oder die Sie nicht maßgeblich von anderen Bewerbern positiv abheben. Danach formulieren Sie das Ganze in ein paar wenigen Sätzen.

Sie sollten mit etwa drei bis sechs Sätzen Ihre wichtigsten Berufserfahrungen beschreiben können.

Die gleichen Kriterien der Relevanz wenden Sie für die Liste Ihrer Persönlichkeitsmerkmale an. Streichen Sie alle Ihre nicht ganz hervorstechenden Charakterzüge, bis sich Ihre Hauptmerkmale herauskristallisieren.

Fokussieren Sie sich auf etwa drei bis sechs Merkmale, die Ihre wichtigsten Charakterstärken darstellen.

Haben Sie Ihre beiden Stoffsammlungen ausreichend relativiert, übertragen Sie Ihre übrig gebliebenen, wichtigsten Punkte in die nachfolgende Tabelle. Damit entsteht eine Essenz Ihrer maßgeblichen fachlichen und charakterlichen Stärken.

Abschließend können Sie das Ganze mit Ihrem Berufswunsch und Ihrem Berufsabschluss (bzw. weitere Abschlüsse und Titel) ergänzen. Als Essenz entsteht Ihre ganz persönliche „Berufliche Botschaft". Sozusagen Ihr Werbeslogan für potenzielle Arbeitgeber.

In der Summe erfüllen Sie nun ein wichtiges Kriterium für die moderne Jobsuche. Sollten Sie einmal über Ihr Können befragt werden, und zwar bevor Ihre Bewerbungsunterlagen übermittelt wurden, wird Ihr Gegenüber von Ihren treffenden Aussagen beeindruckt sein.

Zunächst sehen Sie zwei Beispiele, danach erscheint diejenige Tabelle, in die Sie Ihre eigenen Ergebnisse eintragen können.

1. BEISPIEL - Berufliche Botschaft

Ich suche:	■ Assistenztätigkeit im kaufmännischen Bereich
Berufs-erfahrungen:	■ Komplette Bandbreite aller üblichen Büroarbeiten ■ Korrespondenz in Deutsch, Englisch und Russisch ■ Kundenempfang und Kundenbetreuung ■ Ansprechpartnerin für Fragen des Außendienstes ■ Führung Kassenbuch und Vollmacht/Bankkonto ■ Konzeption, Verantwortung, Durchführung von Firmen- und Kundenevents
Abschluss:	■ Bürokauffrau
Charakter-stärken:	■ Effektive und eigenverantwortliche Arbeitsweise ■ Gehobene Umgangsformen ■ Integrität ■ Loyalität

2. BEISPIEL - Berufliche Botschaft

Ich suche:	■ Anstellung im Sales Management
Berufs-erfahrungen:	■ Kundenakquisition in der Industrie und im kommunalen Sektor ■ Verkaufsgespräche auf Vorstandsebene ■ Beratung und Verkauf von EDV-Dienstleistungen ■ Vertrags- und Preisverhandlungen ■ Reklamationsmanagement ■ Key Account Management
Abschlüsse:	■ Diplom-Kaufmann und Fachinformatiker (IHK)
Charakter-stärken:	■ Problemlösungskompetenz ■ Beharrlichkeit ■ Stressbeständigkeit ■ Abschlusssicherheit ■ Unternehmerisches Denken ■ Ausgeprägte Zielorientierung

Dieter L. Schmich

Meine „Berufliche Botschaft"

Ich suche:

■ ....

■ ....

■ ....

Berufserfahrungen:

■ ....

■ ....

■ ....

■ ....

Berufsabschlüsse bzw. Titel:

■ ....

■ ....

■ ....

■ ....

Charakterstärken:

■ ....

■ ....

■ ....

■ ....

Üblicherweise haben Sie nach getaner Arbeit Ihre „Berufliche Botschaft" automatisch im Kopf. (Wenn nicht, dann bitte auswendig lernen!) Selbstverständlich werden Sie nicht zu allen Punkten Ihrer Stoffsammlung eine kristallklare Meinung finden können, was denn nun für Arbeitgeber besonders relevant ist oder was Sie von anderen Bewerbern positiv abhebt. Dies geht nahezu jedem so. Dennoch: Allein durch die Tatsache, dass Sie sich mit diesen Themen beschäftigen und zudem in wenigen Sätzen überhaupt Stärken aufzählen können, werden Sie sich sehr, sehr deutlich von der Masse aller Jobsuchenden abheben!

Der grundsätzliche Sinn dieser Übung wird Ihnen erst so richtig einleuchten, wenn Sie damit fertig sind. Nachdem Sie Ihre „Berufliche Botschaft" ausformuliert haben, werden Sie sehr überrascht sein. Sie werden bemerken, dass sich in Ihrem Denken etwas geändert hat: Haben Sie erst einmal alles analysiert und niedergeschrieben, wird Ihnen bewusst werden, dass Sie mehr zu bieten haben, als Sie bisher dachten. Wenn es später um Ihre beruflichen Fähigkeiten geht, können Sie spontan komprimierte Informationen über sich selbst liefern.

Sie werden sich zudem beruflich Ihrer ‚Selbst' ‚bewusst' – so entsteht ‚Selbst-Bewusstsein'. Daraus resultiert ein gewisses ‚Gefühl' für den eigenen beruflichen ‚Wert'. Ein ‚Selbstwert-Gefühl' ist die Folge, das idealerweise zu ‚Selbst-Vertrauen' und schließlich zu ‚Selbst-Sicherheit' führt. In der Summe werden sich nicht nur Ihre Ausstrahlung und Ihr Auftreten, sondern auch Ihre verbale Selbstdarstellung optimieren.

Und noch etwas: Nach dieser kurzen Selbstanalyse könnten einige Leserinnen oder Leser der Meinung sein, sie hätten fachlich zu wenig zu bieten. Falls Sie zu dieser Gruppe gehören sollten, gehen Sie bitte noch einmal konzentriert die einzelnen Kästchen der Tabellen durch. Versuchen Sie, die Tagesabläufe Ihres vergangenen Berufslebens Punkt für Punkt durchzugehen. Wenn Sie dies lange genug tun, wird Ihnen sicherlich eine ganze Menge einfallen. Vielleicht ist man

Dieter L. Schmich

danach aber noch immer der Meinung, dass man zu wenig zu bieten hat. Man könnte auf die Idee kommen, sich weiter zu qualifizieren.

Ich rate erst einmal nicht dazu. Bevor Sie sich mit Neuem beschäftigen, sollten Sie erst einmal in der Bewerbungspraxis testen, ob dies im Moment überhaupt notwendig ist. Das funktioniert ganz einfach: Sie arbeiten erst einmal die folgenden Kapitel weiter durch. Wenn Sie die darin enthaltenen Ratschläge in die Tat umsetzen, werden Sie schnell herausgefunden haben, welche Möglichkeiten für Sie auf dem Arbeitsmarkt bestehen. Sie erhalten von vielen verschiedenen Arbeitgebern derart viele Informationen, dass Sie definitiv Klarheit geschaffen haben werden. Dann wissen Sie ziemlich sicher, ob Sie zum gegenwärtigen Zeitpunkt ausreichend qualifiziert sind oder nicht.

Erfahrungsgemäß ergeben sich während den ersten Bewerbungsaktivitäten neue Einsichten, Ideen oder Perspektiven.

Gehen wir nun weiter zum letzten entscheidenden Faktor für die Vorbereitungen zum schnellen Bewerbungserfolg.

1.3 Aktivitätsplan erstellen

Wer weiß, vielleicht beginnt für Sie schon bald ein völlig neuer Lebensabschnitt. Möglicherweise ist Ihr Traumjob in greifbarer Nähe. Ihre Einsatzbereitschaft und Konzentration sollte der Tragweite Ihres Vorhabens entsprechend sein. Gehen Sie das Ganze bitte nicht halbherzig an: Es ist tatsächlich möglich, in wenigen Wochen die Zusage für einen besseren Job zu realisieren.

Selbstverständlich bleibt es Ihnen überlassen, welchen Zeitraum Sie ansetzen möchten, das heißt, welche Dringlichkeit Sie für notwendig erachten. Jedoch gibt es einen wichtigen Erfahrungswert zu berücksichtigen:

Die größten Erfolge entstehen, wenn Sie eine maximale Aktivitätsintensität auf einen minimalen Zeitraum komprimieren.

Würden Sie also dieselben Bewerbungsbemühungen auf einen längeren Zeitraum strecken, werden Sie voraussichtlich schlechtere Ergebnisse erzielen. Mir ist bewusst, dass diese Aussage logisch nicht ganz erklärbar ist. Alle Erfahrungen aus meiner tagtäglichen Arbeit als Jobcoach untermauern jedoch vehement diese These. Folgende Einflüsse spielen dabei sicher eine große Rolle:

- **Ein hoher Aktivitätsgrad fördert Ihr Gefühl der Selbstbestimmtheit. Dies steigert Ihr Selbstvertrauen und verbessert Ihr Auftreten.**

- **Ein hoher Level an Routine wird schnell erreicht und beibehalten. Die Ausführung aller Aktivitäten beschleunigt sich zudem maßgeblich.**

Weiterhin gibt es ein zusätzliches Argument für eine gedrängte Vorgehensweise. Werden viele Vakanzen in einem engen Zeitkorridor entdeckt, können diese besser miteinander verglichen werden. Entscheidungen müssen darüber hinaus nicht verschleppt werden, nur weil andere Vorstellungsgespräche oder Jobzusagen noch zu weit in der Zukunft liegen.

Um viele Bewerbungsaktivitäten ausführen zu können, sollten Sie Ihren Tagesablauf strukturieren. Sie haben sich einen Plan zu machen. Sie beginnen täglich zu einer festen Uhrzeit mit Ihrer Jobsuche und machen ‚Feierabend' ebenso zu einem bestimmten Zeitpunkt.

Fassen Sie Ihre Bewerbungsphase als eine Berufstätigkeit auf.

Haben Sie zum Beispiel Ihr Tagespensum erfüllt, werden Sie mit sich sehr zufrieden sein. Sie können guten Gewissens abschalten und loslassen. Intensive Phasen von hohem Tatendrang können sich so mit Entspannungsphasen abwechseln. Als Ergebnis werden Sie eine deutlich höhere kognitive Leistungsfähigkeit an sich bemerken. Zusammengefasst gleicht die konkrete Festlegung von Zeitraum und Tages-

Dieter L. Schmich

struktur einer Entscheidung zum Aufbruch. Hohe Motivation ist die Folge.

Im Bewerbungsalltag der meisten Jobsuchenden stellt sich hingegen das Ganze völlig anders dar. Man grübelt den ganzen Tag über seine berufliche Situation. Viele würden ihr Schicksal gerne selbst in die Hand nehmen, wissen aber nicht genau wie. Man findet zu wenige passende Stellenangebote. Bewirbt sich schließlich auf Inserate, die eigentlich nicht passen. Hofft und wartet auf positive Feedbacks auf die wenigen versandten Bewerbungen. Zukunftssorgen stellen sich ein und dem Geist wird nur wenig Ruhe gegönnt (wenn überhaupt). Irgendwann ist die Stimmung auf einem Tiefpunkt.

Vor dieser trostlosen, frustrierenden und vor allem für Sie nachteiligen Ausgangssituation möchte ich Sie bewahren. Machen Sie sich deshalb einen Aktivitätsplan! Falls Sie derzeit tagsüber über freie Zeit verfügen, bietet sich beispielsweise folgende Tagesstruktur an:

- **08.30 - 10.00 Uhr: E-Mails beantworten und Telefonate führen**

- **10.00 - 10.15 Uhr: Kaffeepause**

- **10.15 - 11.00 Uhr: Bewerbungen versenden**

- **11.00 - 12.00 Uhr: Unternehmensrecherche und E-Mails senden**

- **12.00 - 12.30 Uhr: Dokumentation und Datenbankaufbau**

Danach haben Sie Feierabend (z.B. Mittagessen). Die aufgeführten Aktivitäten im Speziellen werden Ihnen erst im Laufe dieses Buchs einleuchten. Es geht zunächst um die notwenige Zeit, die von Ihnen idealerweise zu investieren ist.

Falls Sie berufstätig sind, ist dieser Zeitplan natürlich nicht machbar. Es ist jedoch überlegenswert, für die professionelle Jobsuche (zumindest teilweise) Urlaub zu nehmen oder nach möglichen Brückentagen bzw. Feiertagen Ausschau zu halten. Falls dies nicht möglich ist oder aus sonstigen Gründen der vorgestellte Zeitplan für Sie nicht umsetzbar ist (Berufstätigkeit, familiäre Verpflichtungen, Fortbildungen etc.), ist das nicht weiter tragisch. Sie können das Ganze auch entsprechend auf nachmittags und/oder abends verteilen. Falls auch da keine zusammenhängenden Zeiträume zur Verfügung stehen, verteilen Sie die Aktivitäten auf den gesamten Tag.

Behalten Sie eine einmal festgelegte Tagesstruktur für Ihre Bewerbungsaktivitäten unter allen Umständen bei.

Sie werden feststellen, dass diese feste Struktur garantiert, dass kleine Motivationshänger erst gar nicht aufkommen. Sie können sich jeden Tag über das Erreichen kleiner Aktivitätsziele freuen. Dies wird Ihrer Stimmung sehr förderlich sein.

Praxisbeispiel:

Frau C. wünschte ein Coaching. Ihr Arbeitgeber, ein Onlinehandel für Luxusaccessoires, befand sich bereits seit drei Monaten im Insolvenzverfahren. Ihr Chef hatte sich verkalkuliert und den Markt falsch eingeschätzt. Er forderte im Rahmen einer aggressiven Werbekampagne alle Kunden auf, alle Artikel zu kaufen, zu testen und bei Nichtgefallen einfach zurückzusenden. Weit mehr als die Hälfte aller Kunden folgten dieser Aufforderung. Diese bestellten, prüften und stornierten schließlich ihre Käufe, indem sie alles wieder portofrei zurückgaben. Die daraus resultierenden hohen Porto- und Bearbeitungskosten der Retouren fraßen den Gewinn auf. Das Unternehmen wurde zahlungsunfähig. Der eingesetzte Insolvenzverwalter machte jedoch der Belegschaft Hoffnung und versprach, alles zu tun, um den Onlinehandel zu retten. Frau C. traute jedoch dieser Sache nicht. Sie war entschlossen, sich einen Arbeitgeber zu suchen, der zumindest über betriebswirtschaftliche Grundkenntnisse verfügt. Es war ein Aktivitätsplan notwendig.

Um die Suche nach einem neuen Job professionell anstoßen zu können, machte sie den Vorschlag, sich zwei Wochen komplett frei zu schaufeln. Sie hatte noch Anspruch auf Ausgleich von Überstunden. Dieser betraf drei freie Tage. Zusätzlich nahm sie sich sechs Tage Urlaub. Wir nutzten eine Woche, in der ein Feiertag lag. So konnte sie sich zwei Wochen voll auf die Arbeitssuche konzentrieren. In den ersten beiden Wochen sollte ihre Suche nach einem neuen Job von Montag bis Freitag zwischen 10.00 und 15.00 Uhr stattfinden. Alle nachfolgenden Bewerbungsaktivitäten könnten dann parallel zu ihrer Berufstätigkeit erledigt werden. Dafür wurden die Tageszeiten 07.00 - 09.00 Uhr sowie 20.00 - 22.00 Uhr festgelegt. Zudem war es auf der Arbeit erlaubt, zwischendurch E-Mails abzurufen und ungestört kurze Telefonate zu führen.

Frau C. räumte ihren Schreibtisch penibel auf. Alles, was nicht mit Bewerbungsaktivitäten zu tun hatte, wurde entsprechend verstaut. Die Software am PC wurde aktualisiert, eine brandneue E-Mail-Adresse und ihre Bewerbungsunterlagen auf den neuesten Stand gebracht. Eine schnellere Internetverbindung gönnte sich Frau C. ebenfalls. Ihr Ehemann fand die Idee, das Ganze professionell anzugehen, sehr gut und überraschte sie mit einem neuen Schreibtischstuhl. Ihren Kindern teilte Frau C. mit, dass zu den vereinbarten Tageszeiten Störungen auf ein Mindestmaß zu reduzieren seien. Ihre Familie akzeptierte, schließlich ging es nur um vier Wochen.

Am Tag X ging es los. Frau C. war konsequent und startete Punkt 10.00 Uhr ihre ,Teilzeitbeschäftigung' zur Suche ihres besseren Jobs.

Legen Sie also einen passenden Zeitraum fest und informieren Sie Ihr Umfeld, dass Sie zu den jeweiligen Uhrzeiten beschäftigt sein werden.

Suchen Sie sich einen Vierwochenzeitraum heraus, in dem Sie täglich eine bestimmte Tagesstruktur einhalten können.

Unter der Voraussetzung, dass es Ihnen möglich ist, vier bis fünf Stunden täglich zu investieren, werden Sie außergewöhnliche Bewerbungserfolge erzielen. Es geht also um einen klar umrissenen Zeitraum, in dem Ihr maximales Engagement notwendig ist. Dies ist für Sie sicher gesünder, als über viele Monate hinweg im Unklaren zu sein, wohin die berufliche Reise geht (oder jeden Morgen zu einem frustrierenden Job zu fahren).

Haben Sie schließlich Ihren neuen Arbeitsvertrag in der Tasche, können Sie sich als Belohnung beispielsweise einen ausgedehnten

Urlaub gönnen. Verlegen Sie einfach den Arbeitsantritt für den neuen Job großzügig nach hinten (was im Übrigen viele tun, die der vorgeschlagenen „Vier-Wochen-Strategie" gefolgt sind).

Zu alledem ist es von großem Vorteil, wenn Ihnen ein Raum zur Verfügung steht, wo Sie sich ungestört auf Ihre beruflichen Pläne konzentrieren können. Bereiten Sie einen Schreibtisch oder entsprechenden Arbeitsplatz vor. Sie müssen dort in Ruhe arbeiten können.

Sie benötigen einen PC, ein Telefon und das Internet. Prüfen Sie, ob Ihre Ausstattung funktionstüchtig ist. Ein handelsüblicher PC ist völlig ausreichend. Zudem sind keine höheren Anforderungen an die Qualität bzw. Geschwindigkeit Ihres Internetzugangs zu beachten. Ebenso sind keine außergewöhnlichen PC-Kenntnisse erforderlich.

Selbstverständlich wäre das Vorhandensein eines E-Mail-Kontos (je nach gewünschter Branche) von Vorteil. Im Übrigen rate ich Ihnen, im Rahmen Ihrer Startvorbereitungen eine ‚unbelastete' E-Mail-Adresse einzurichten. E-Mail-Adressen können durch Arbeitgeber leicht im Internet recherchiert werden. Man gibt sie einfach in eine Suchmaschine ein und schaut sich die Trefferergebnisse an. Eine nagelneue Adresse wäre online dann nicht negativ belastet. Zudem sollten Sie auf eine seriöse Adresse achten.

Ihre E-Mail-Adresse sollte Ihren Nachnamen beinhalten.

Falls die gewünschte Adresse bei Ihrem Anbieter bereits vergeben ist, müssen Sie variieren. Mit dem Anhängen einer individuellen Zahlenkolonne an Ihren Namen (mustermann12345@muster.de) können Sie diese Problematik leicht lösen. Ist Ihr Nachname Bestandteil Ihrer E-Mail-Adresse, ist es für Arbeitgeber leichter, Ihre Nachrichten zuzuordnen, zu bearbeiten und wiederzufinden.

Haben Sie dann alles vorbereitet, sind natürlich noch Ihre Bewerbungsunterlagen auf den neuesten Stand zu bringen (falls nicht bereits geschehen). Ihnen sollte ein grundlegendes Anschreiben vorliegen, das Sie für den jeweiligen Bewerbungsfall nur noch individuell modifizieren brauchen. Darüber hinaus sollten Sie Ihre Arbeitszeugnisse und sonstigen Belege griffbereit haben. Selbstverständlich muss Ihr Lebenslauf ebenso fix und fertig als PDF-Datei vorliegen.

1.4 Fazit

Falls Sie an einem idealen Verlauf Ihrer Jobsuche interessiert sind, sollten Sie erst dann starten, wenn folgende Bedingungen erfüllt sind:

1. **Sie haben Ihre „Berufliche Botschaft" im Kopf und Ihre Bewerbungsunterlagen sind auf dem neuesten Stand.**

2. **Sie verfügen über einen vorbereiteten Arbeitsplatz inklusive PC, Internetzugang und Telefon, an dem Sie in Ruhe arbeiten können.**

3. **Sie haben Rahmenbedingungen geschaffen, um sich vier Wochen lang, vier bis fünf Stunden täglich Ihrer Jobsuche zu widmen.**

Je professioneller Sie diese Anforderungen erfüllen, umso schneller stellt sich der Bewerbungserfolg ein. Darüber hinaus haben Sie eine Entscheidung zu treffen. Sind Sie wirklich bereit, sich konsequent einen besseren Job zu suchen?

Machen Sie sich doch einmal kurz Gedanken über Ihre aktuelle Situation. Danach stellen Sie sich vor, wie es wäre, wenn Sie jeden Morgen nach dem Aufwachen gerne zur Arbeit führen. Wenn Sie aus Ihrem neuen Job mehr Lebensenergie ziehen würden, als Sie dafür einsetzen und sich nicht mehr jeden Tag über unfähige Chefs bzw. Geschäftsführungen ärgern müssten. Denken Sie darüber nach, wie es wäre, Ihre Freizeit frei von beruflichen Sorgen und völlig entspannt genießen zu können. Lassen Sie diese angenehme Situation einmal vor Ihrem geistigen Auge vorüberziehen. Sicher haben Sie solche Lebensumstände schon erlebt. Erinnern Sie sich bitte daran.

Was würden Sie denn alles dafür tun wollen, um eine solche erfreuliche Lebensführung wieder zu erreichen?

Treffen Sie bitte eine eindeutige Entscheidung zur Aktivität!

2 Jobsuche

Es geht endlich los! Während andere Jobsuchende noch nach der ‚richtigen' Stellenanzeige im Internet oder in Zeitungen Ausschau halten bzw. die Bewerbungsstrategie des Hoffens und Wartens verfolgen, werden Sie bereits die ersten Vorstellungsgespräche führen. Falls Sie alle Empfehlungen dieses Kapitels in die Praxis umsetzen, werden Sie schon in kurzer Zeit Außergewöhnliches erreicht haben:

Die nächsten Wochen werden vielleicht Ihr Leben verändern.

Grundsätzlich müssen Sie jetzt passende Arbeitsstellen suchen – und finden. Je mehr Jobangebote Ihnen vorliegen, umso machtvoller ist Ihre Position gegenüber Arbeitgebern. Im Umkehrschluss heißt das: Je weniger vakante Arbeitsplätze Sie entdecken, umso schlechter ist Ihre Ausgangssituation.

Um die Wahrscheinlichkeit eines Treffers zu erhöhen, benötigen Sie eine ausreichende Anzahl von Versuchen, also eine hohe Schlagzahl.

Je höher die Anzahl Ihrer Bewerbungen ist, umso wahrscheinlicher ist es, auch einen Job zu finden, von dem Sie bisher nicht zu träumen wagten.

Und genau das ist der Engpass, vor dem nahezu alle Jobsuchenden heute stehen. Sie verfügen oftmals über nur unzureichende Informationen darüber, wo interessante Arbeitsstellen vakant sind. Dadurch ist die Anzahl der Bewerbungen zu gering und jedes einzelne Jobangebot wird existenziell wichtig. Die Gelassenheit der Bewerber schwindet und das Ganze endet in einer akuten Stresssituation. Stress blockiert jedoch Menschen und die gewünschten Ergebnisse bleiben oft aus.

Ich möchte allerdings betonen: Ich meine nicht, dass Sie sich auf Positionen bewerben sollten, die Sie eigentlich gar nicht haben möchten, nur um die Menge der Bewerbungen zu steigern. Nein – ich meine vielmehr, die Anzahl der von Ihnen tatsächlich gewünschten Stellenangebote zu vermehren. Die Herausforderung liegt darin, sich auf möglichst alle derzeit vorhandenen interessanten Vakanzen zu bewerben, obwohl die meisten davon nicht in Zeitungen oder im Internet zu finden sind. Es stellt sich also die spannende Frage, wie Sie diese scheinbar widersprüchliche Situation meistern können.

In der Vergangenheit konnten unveröffentlichte Positionen durch klassische Initiativbewerbungen entdeckt werden. ‚Initiativ‘ bedeutete bisher, Bewerbungsunterlagen ‚blind‘ an potenzielle Arbeitgeber zu versenden. Noch vor einigen Jahren war dies eine erfolgversprechende Strategie. Auch für die Firmen war dies anfänglich durchaus bequem. Schriftliche Bewerbungen kamen von selbst auf die Unternehmen zu. Die Personalbeauftragten mussten sich nur noch die besten Kandidaten heraussuchen.

Leider ist diese Vorgehensweise nicht mehr zeitgemäß. Die anfänglichen Vorteile haben sich ins Gegenteil verkehrt. Es gibt mittlerweile zu viele Jobsuchende, die einfach eine Vielzahl an Bewerbungsunterlagen an alle möglichen Personalabteilungen versenden. Viele Arbeitgeber werden heute von solchen Initiativbewerbungen förmlich überschwemmt. Das Resultat ist, dass es Großkonzerne gibt, die täglich Hunderte von Bewerbungsunterlagen erhalten. Sie haben richtig gelesen: Hunderte, und zwar Tag für Tag! Bei besonders bekannten Unternehmen kann sich diese enorme Menge eingehender Blindbewerbungen sogar auf über Tausend täglich belaufen! Bewerber/innen laufen Gefahr, in der Masse heillos unterzugehen.

Auch die Arbeitgeberseite zeigt sich zunehmend genervt. Immer mehr Unternehmen möchten sich diesen zeitlichen und administrativen Kostenfaktor, Berge von ungebetenen Bewerbungen abarbeiten zu müssen, nicht mehr zumuten. Es gibt heute sogar Firmen, die auf Unterlagen, die nicht ausdrücklich angefordert wurden, überhaupt nicht mehr reagieren. Diese werden dann schon im Posteingang aussortiert.

Der alte Weg, sich initiativ zu bewerben, beinhaltet für Sie einen weiteren, schwerwiegenden Nachteil:

Mit dem unaufgeforderten Versand von Bewerbungsunterlagen treffen Sie so gut wie nie den richtigen Zeitpunkt.

Ist beim betreffenden Unternehmen gerade keine Stelle frei, sind Sie dort auf eine professionelle Verarbeitung der eingegangenen Bewerberdaten angewiesen. Falls zu einem späteren Zeitpunkt eine passende Position frei wird, muss diese administrative Grundvoraussetzung gegeben sein, damit Sie wieder ins Spiel kommen könnten. Nur dann, wenn Ihre Bewerbung im Vorfeld optimal erfasst und verarbeitet wurde, wäre dies möglich. Leider erfüllen die wenigsten Firmen diese bürokratische Voraussetzung. Vielleicht wird Ihnen sogar mitgeteilt, dass man sich wieder bei Ihnen melden werde, falls sich irgendwann etwas ergeben sollte. Doch in der Realität hören die meisten Bewerber nie mehr etwas von der betreffenden Firma.

Die Ursache von alledem liegt in den bereits erwähnten Rationalisierungsmaßnahmen vergangener Jahre begründet: Personalknappheit ist an der Tagesordnung. Mitarbeiterinnen und Mitarbeiter haben heute in der Regel mehr Arbeitsaufgaben zu bewältigen, als noch vor einigen Jahren. Aus dieser erhöhten Arbeitsbelastung eines jeden Beschäftigten resultiert zwangsläufig eine Verschlechterung von Arbeitsergebnissen und der Güte von Betriebsabläufen. Das betrifft natürlich auch die internen organisatorischen und administrativen Vorgänge. Eine professionelle Ablage (bzw. Wiedervorlage) früher eingegangener Bewerbungsunterlagen findet immer seltener statt. Dies kostet Zeit, die man sich heute nicht mehr nehmen möchte. Zudem läuft ein Personaler oder Entscheidungsträger immer Gefahr, sich mit Personen zu beschäftigen, die zwischenzeitlich einen Job gefunden haben und deshalb nicht mehr zur Verfügung stehen. Infolgedessen werden in den Personalabteilungen eher aktuelle Bewerbungen bearbeitet. Die Wahrscheinlichkeit, dass ältere Bewerberdaten vergessen werden oder im Extremfall bewusst unberücksichtigt bleiben, ist mehr als hoch.

Natürlich könnten Sie jetzt dieses Problem lösen, indem Sie Ihre Unterlagen immer wieder den gleichen Arbeitgebern zusenden. Die Frage, ob dies eine clevere Strategie ist, können Sie sich sicher selbst beantworten.

Es bleibt also die Zwickmühle: Einerseits werden die für Sie passenden Positionen oft nicht öffentlich ausgeschrieben, andererseits ist die bisherige Vorgehensweise für Initiativbewerbungen wenig zielführend. Was ist jetzt die Lösung? Dies ist recht simpel zu beantworten:

Sie erkundigen sich einfach, ob die Bewerbung erwünscht ist.

Das heißt, Sie holen sich im Vorfeld quasi die Genehmigung für Ihre Bewerbung ein. Liegt Ihnen dann das Okay für die Zusendung Ihrer Unterlagen vor, wird sich Ihr Status schlagartig geändert haben. Man hat nun Ihnen das Angebot gemacht, sich zu bewerben. Dies ist für Sie eine völlig andere Ausgangssituation!

Um sich irgendwo erkundigen zu können, müssen Sie erst einmal wissen, welche Unternehmen, Institutionen, Behörden, Vereine, Einrichtungen oder sonstige Arbeitgeber für Sie infrage kommen. Wer passt zu Ihrem Profil bzw. Berufswunsch?

Sie haben alle möglichen Arbeitgeber zu recherchieren.

Erst wenn Sie dies erledigt haben, können Sie eine Kurzanfrage starten, um sich eine Bewerbungszusage abzuholen. Das heißt:

Im zweiten Schritt nehmen Sie Kontakt auf und erfragen, ob eine Bewerbung sinnvoll ist.

Demnach durchlaufen Sie zunächst eine Recherche- und Kommunikationsphase, bevor Sie sich bewerben. Sie beginnen also, Kontakt aufzunehmen und minimieren das Risiko, in der Masse unterzugehen. Sie werden aktiv und versenden keine Unterlagen mehr ins ‚Blaue‘ hinein. Sie setzen nicht mehr auf das Prinzip ‚Hoffnung‘, sondern Sie tragen selbst dafür Sorge, dass Ihre Bewerbung sinnvoll ist und zudem Beachtung findet. Sie nehmen Ihr Schicksal selbst in die Hand.

Unterdessen entdecken Sie nicht nur unveröffentlichte freie Stellen, sondern Sie erhalten darüber hinaus die Namen wichtiger Ansprechpartner. Zudem treffen Sie exakt den richtigen Bewerbungszeitpunkt. Ihre Bewerbung wird erwartet und landet wahrscheinlich direkt auf dem Schreibtisch der zuständigen Person. Dieser Ablaufplan ist damit nicht nur zielführend, sondern vor allem hocheffektiv:

Der Versand Ihrer Unterlagen erfolgt erst dann, wenn Ihr Bewerbungsangebot auf eine Nachfrage stößt.

Lange Rede, kurzer Sinn: Zeitgemäße Bewerbungsstrategien bestehen aus einem Ablaufplan, der aus drei Phasen besteht:

1. Recherche

2. Kurzanfragen

3. Bewerbungen

In den folgenden Kapiteln werde ich nun auf jede einzelne Phase näher eingehen. Manchmal können Sie schon während der Recherchearbeit Kurzanfragen stellen. Ebenso ist es zum Beispiel möglich, sich bereits bei der Kontaktaufnahme zu bewerben oder ein kurzes Vorstellungsgespräch zu führen. Sie sehen, es gibt also einige Überschneidungen. Dennoch werde ich alle drei Phasen isoliert voneinander behandeln. Dadurch können Sie die darin enthaltenen Zusammenhänge besser nachvollziehen.

Die Ursachen, warum zeitgemäße Bewerbungsstrategien den „Verdeckten Stellenmarkt" berücksichtigen müssen, habe ich hinlänglich erläutert. Aber keine Sorge: Als Nebeneffekt der folgenden Ausführungen werden Sie natürlich auch solche Stellen entdecken, die öffentlich ausgeschrieben sind. Schließlich sollten Sie jede noch so kleine Chance nutzen. Das vorgestellte Gesamtkonzept berücksichtigt damit beide Varianten: den verdeckten sowie den veröffentlichten Stellenmarkt!

Starten wir nun mit der ersten Phase – Ihre Suche nach allen möglichen passenden Arbeitgebern.

2.1 Recherche

Das Ziel dieser ersten Phase ist die Erstellung einer Liste Ihrer Arbeitgeberzielgruppe. Sie recherchieren einfach Daten von Unternehmen, Betrieben, Ämtern, Einrichtungen, Institutionen oder Vereinen, die für Sie grundsätzlich als Arbeitgeber infrage kommen. Damit verschaffen Sie sich einen Überblick über denjenigen Teil des Arbeitsmarkts, der Sie persönlich betrifft.

Sammeln Sie konsequent Arbeitgeberdaten.

Haben Sie passende Firmen entdeckt, werden Sie im zweiten Schritt, im Rahmen Ihrer Kurzanfragen, mit diesen in Kontakt treten. Es ist deshalb effektiv, dies schon während der Recherchearbeit zu berücksichtigen und so die nächste Phase gleich mit vorzubereiten. Notieren Sie sich daher schon bei Ihrer Recherchearbeit die Telefonnummern oder E-Mail-Adressen der betreffenden Arbeitgeber. In der Summe soll eine Aufstellung entstehen, die Folgendes beinhaltet:

■ **Firmen, bei denen Sie sich vorstellen könnten, sich zu bewerben.**

■ **Die dazugehörigen allgemeinen Telefonnummern und E-Mail-Adressen.**

Sie werden dabei auch auf Unternehmen stoßen, bei denen Sie sich im Vorfeld nicht sicher sind, ob diese für Sie infrage kommen. Nehmen Sie im Zweifelsfall auch jene in Ihre Liste mit auf. Sie haben nichts zu verlieren. Es besteht die Chance, dass ein Ihnen unbekanntes Unternehmen sich im Nachhinein als ideal herausstellt. Später, im sich anschließenden Kapitel „Kurzanfragen", werde ich Ihnen Kommunikationstechniken vorstellen, die besonders zeitsparend sind. Falls sich ein herausgepicktes Unternehmen doch als uninteressant, unprofessionell oder gar inkompetent entpuppen sollte, werden Sie nicht viel Zeit verschwendet haben.

Es gibt viele Wege, Arbeitgeber zu recherchieren. Ich werde Ihnen im Folgenden die für Sie effektivsten Varianten vorstellen:

1. Stellenanzeigen

2. Alltag

3. Messen

4. Umfeld

5. Internet

6. Netzwerke

Mit dem Mix aller Recherchemöglichkeiten erzielen Sie die besten Ergebnisse. Welche Wege für Sie besonders zweckmäßig sind, wird von Ihrer Persönlichkeit, von Ihrem beruflichen Profil und Ihren spezifischen Rahmenbedingungen abhängen. Dennoch empfehle ich Ihnen, sich zunächst allen Punkten zu widmen. Erst, wenn Sie alle Recherchewege einige Male in der Praxis getestet haben, können Sie bewerten, welche die effektivsten für Ihre Situation sind.

Jeder Recherchevariante widme ich ein eigenes Unterkapitel. Ich starte mit der einfachsten aller aufgezählten Möglichkeiten.

2.1.1 Stellenanzeigen

Obwohl veröffentlichte Stellenanzeigen nicht den Löwenanteil innerhalb zeitgemäßer Bewerbungsstrategien ausmachen, können diese dennoch hervorragend zur Recherche potenzieller Arbeitgeber genutzt werden. Sie müssen jedoch auch hier umdenken: Das heißt:

Sie sichten Anzeigen in Print- oder Onlinemedien nicht mehr nach der Art der Positionen, sondern interessieren sich in der Hauptsache für die darin enthaltenen Arbeitgeberadressen.

Sie brauchen sich nur eine Frage zu stellen: „Kommt das inserierende Unternehmen grundsätzlich für eine spätere Bewerbung infrage?"

Entnehmen Sie passende Arbeitgeberdaten aus nicht passenden Stellenanzeigen.

Ideal ist es, wenn Sie jemanden kennen, der Zeitungen eine Zeit lang aufbewahrt. So können Sie die Inserate vieler Ausgaben sichten. Die meisten Tageszeitungen veröffentlichen ihre Stellenangebote auch online auf ihren Internetpräsenzen. Dort können Sie die entsprechenden Inserate bequem entnehmen. Darüber hinaus sind auch branchenspezifische Fachzeitschriften durchzuarbeiten. Des Weiteren sollten Sie Online-Jobbörsen nutzen. Die beliebtesten sind derzeit:

- Experteer
- FAZjob
- Gigajob
- Jobpilot
- Jobrapido
- Jobware
- Kalaydo
- Meinestadt

Jobsuche

- Monster

- Stellenanzeigen

- StepStone

- etc.

Zusätzlich existieren natürlich noch eine Unmenge branchenspezifischer und regionaler Online-Jobbörsen. Welche davon für Sie zweckmäßig sind, hängt von Ihrer Arbeitgeberzielgruppe ab. Bei jeglicher Empfehlung für bestimmte Internetadressen besteht immer die Gefahr, dass sie im gleichen Moment, in dem sie genannt bzw. abgedruckt werden, bereits veraltet sind. Der bessere Weg ist, sich bei der „Agentur für Arbeit" (Deutschland), den „Regionalen Arbeitsvermittlungszentren" (Schweiz) oder dem „Arbeitsmarktservice" (Österreich) aktuelle Aufstellungen geben zu lassen.

Im Übrigen werden Sie es bei dieser Recherchevariante mit Tausenden von Stellenanzeigen zu tun bekommen. Erschrecken Sie jetzt bitte nicht: Sie haben alle kurz durchzuklicken! Was jedoch mit einiger Routine weniger Zeit erfordert, als Sie derzeit vermuten.

Nahezu alle Jobbörsen haben eine regionale Suchfunktion. Geben Sie einen Umkreis für die gewünschte Region ein, in der Sie eine Anstellung suchen. Alle anderen Eingrenzungen, wie beispielsweise Tätigkeit, Beschäftigungsart etc. führen dazu, dass Sie nicht alle möglichen Arbeitgeber angezeigt bekommen. Bedenken Sie immer, dass bei Unternehmen, die beispielsweise einen Hausmeister suchen, natürlich auch IT-Stellen, kaufmännische Positionen oder sonstige Tätigkeitsbereiche existieren könnten. Also:

Schauen Sie sich alle Stellenanzeigen Ihrer Region an.

Das kostet Sie vielleicht einen Vormittag – dennoch lohnt es sich. Als Ergebnis dieser Recherchetechnik ist es durchaus möglich, 100 bis 300 interessante Unternehmen zu entdecken. Erfahrungsgemäß werden Sie schon bei diesen ermittelten Arbeitgebern die ersten Jobange-

Dieter L. Schmich

bote generieren können (später mehr dazu). Dementsprechend ist es wichtig, sich diese Mühe zu machen, auch wirklich alle Inserate kurz anzuschauen, unabhängig davon, welche Stellen im Einzelnen angeboten werden.

Praxisbeispiel:

Herr D. war Kaufmann im Groß- und Außenhandel. Er hatte sich bisher nur einige wenige Male beworben, da er keine passenden Stellenangebote finden konnte. Herr D. war zwar flexibel und mobil, dennoch bevorzugte er eine bestimmte Region. Darüber hinaus stand er auch solchen kaufmännischen Positionen offen gegenüber, die nichts mit dem Thema Groß- und Außenhandel zu tun hatten. Seine Arbeitgeberzielgruppe war demnach nicht branchenbezogen.

Ich schlug ihm deshalb vor, zunächst in seiner bevorzugten Region mit der Recherche von potenziellen Arbeitgebern zu beginnen. Neben anderen Recherchevarianten wollte er sich nun veröffentlichte Stellenangebote der letzten Wochen ansehen. Wir beschlossen, mit zwei Tageszeitungen des gewünschten Ballungsraums zu starten. Auf den jeweiligen Onlineausgaben der Verlage konnten im Internet alle Anzeigen der letzten vier Wochen gesichtet werden. Insgesamt wurden mehr als 900 Inserate angezeigt. Er klickte sie alle durch. Bei zirka 80 Anzeigen erschienen die Unternehmen passend. Herr D. druckte diese aus oder speicherte sie auf seinem PC entsprechend ab.

Darüber hinaus sichtete Herr D. drei Internetjobbörsen. Er gab die entsprechende Postleitzahl ein und begrenzte seine Suche auf einen Umkreis von 25 Kilometern. Insgesamt ergaben sich mehr als 1.500 Suchtreffer. Ungefähr zwei Drittel davon waren von Personaldienstleistungsunternehmen veröffentlicht. Diese übersprang er natürlich, was die ganze Sache deutlich beschleunigte. Nach wenigen Stunden Recherchearbeit waren ungefähr 120 Unternehmen zusammengekommen.

Herrn D. lagen insgesamt nun zirka 200 Arbeitgebernamen inklusive erster E-Mail-Adressen oder Telefonnummern vor.

Ein angenehmer Nebeneffekt dieser ersten Recherchevariante ist, auch solche ausgeschriebenen Positionen zu entdecken, die zufällig auch zu Ihrem Tätigkeitswunsch passen. Sie erzielen demnach einen schönen Zusatznutzen bei dieser Vorgehensweise:

Obwohl Sie nur nach Arbeitgeberdaten suchen, werden Sie auch über den veröffentlichten Stellenmarkt informiert sein.

Sie können sich also beruhigt ausschließlich auf den „Verdeckten Stellenmarkt" fokussieren und Ihnen entgeht dennoch nichts. Fällt Ihnen, während Sie nach infrage kommenden Arbeitgebern Ausschau halten, eine Stellenausschreibung auf, die zufällig zu Ihrem Berufswunsch passt, greifen Sie natürlich zu und senden unverzüglich Ihre Bewerbungsunterlagen ab. Danach geht die Suche nach Arbeitgeberdaten wie gewohnt weiter. Jedoch möchte ich an dieser Stelle eine Warnung aussprechen:

Fallen Sie nicht wieder in nostalgische Strategien zurück.

Behalten Sie die Arbeitgeberdaten im Blick. Beginnen Sie nicht wieder, sich ausschließlich auf die Positionen zu konzentrieren, die in den jeweiligen Anzeigen angepriesen werden. In der Hauptsache recherchieren Sie Kontaktdaten von Unternehmen, Institutionen oder Einrichtungen.

Erinnern Sie sich bitte: Falls Sie tatsächlich das Ziel haben, einen besseren Job zu finden, der diesen Namen auch verdient, benötigen Sie außergewöhnliche Jobchancen. Diese Positionen werden Sie nur schwierig ergattern können, wenn Sie wieder auf solche Stellen hoffen, die von den Firmen wahrscheinlich nur deshalb inseriert werden, weil es irgendwo einen Haken gibt. Ginge es nämlich um hervorragende Arbeitsbedingungen, Konditionen oder Perspektiven, finden sich passende Kandidaten in der Regel meist wie von selbst (Ausnahme: Unternehmen suchen Qualifikationen, die auf dem heutigen Arbeitsmarkt nicht mehr so einfach zu bekommen sind). Bleiben Sie also bei der vorgestellten Strategie:

Sie suchen in erster Linie nach Arbeitgeberdaten und nicht nach öffentlich ausgeschriebenen Stellenanzeigen.

Sie müssen sich auch nicht im Übermaß über entdeckte Betriebe schlau machen. Dafür haben Sie in dieser ersten Phase keine Zeit. Es wäre sehr bedauerlich, wenn Sie Ihre wertvolle Energie für die theoretische Analyse von Arbeitgebern verschwenden würden und es stellt sich dann im Nachhinein heraus, dass Sie sich dort gar nicht bewerben können.

Sie haben in diesem ersten Schritt eine größtmögliche Menge von Arbeitgeberdaten aus den Anzeigen zu sammeln. Jetzt, an dieser Stelle Ihrer Aktivitäten, machen Sie sich bitte über ungelegte Eier noch keinen Kopf. Sie müssen sich nur kurz überlegen, ob in diesen entdeckten Unternehmen Tätigkeitsbereiche vorstellbar sind, die zu Ihrem Berufswunsch passen. Über Firmen sollten Sie sich erst dann umfangreiche Gedanken machen, wenn Sie festgestellt haben, ob Sie sich dort bewerben können. Diese Information erhalten Sie aber erst in der nächsten Phase (dazu später mehr). Gehen wir zunächst weiter zur zweiten Recherchevariante.

2.1.2 Alltag

Wir werden im Alltag täglich mit Unternehmen, Institutionen und Behörden konfrontiert. Man vergisst aber leicht dabei, dass diese zugleich auch potenzielle Arbeitgeber sein können. Sie hingegen sollten sich dieser Tatsache bewusst werden. Machen Sie sich über Ihren Alltag ein paar Gedanken:

- **An welchen Arbeitgebern fahre ich täglich mit meinem Auto, Fahrrad oder mit Bus und Bahn vorbei?**

- **Welche Unternehmen sind mir in meinem Ort bzw. in meinem Stadtviertel schon aufgefallen?**

- **Wo bin ich selbst Kunde? Von welchen Firmen habe ich Rechnungen, Angebote oder sonstige Belege erhalten?**

■ **Welche erscheinen auf Prospekten, Plakaten, Werbeanzeigen oder im Rahmen sonstiger Marketingauftritte?**

■ **Welche Unternehmen fallen mir im Fernsehen und im Radio auf?**

Sicher besitzen Sie ein mobiles Telefon mit integrierter Fotofunktion. Falls Ihnen irgendwo etwas ins Auge fällt (zum Beispiel ein Firmenschild oder ein Logo auf einem Plakat), machen Sie einfach ein Foto davon. Am Schreibtisch zu Hause angekommen, können Sie dann die fehlenden Telefonnummern oder E-Mail-Adressen im Internet nachrecherchieren.

Praxisbeispiel:

Frau H. litt unter Mobbingattacken durch Kolleginnen. Sie beschloss, keine Energie in diese unangenehme Situation zu stecken, da ihre Vorgesetzten fachlich nicht in der Lage waren, solche Vorgänge zu erkennen oder zu unterbinden. Der Arbeitgeber musste also ausgetauscht werden. Sie wartete deshalb nicht ab, sondern startete ihre Bewerbungsphase sofort. Sie bat dahingehend um ein Coaching.

Sie berichtete, dass sie keine attraktiven Stellen finden könne. In den Vorstellungsgesprächen, die sie bisher führte, wurden ihr ausschließlich nicht akzeptable Konditionen angeboten. Sie suche eine Position als Sachbearbeiterin oder im Bereich Büroorganisation. Wir beschlossen, die Suche regional einzugrenzen. Es sollte etwas in der näheren Umgebung gefunden werden, schließlich war ihre Arbeitgeberzielgruppe enorm groß. Nahezu jedes Unternehmen konnte auf ihren Berufswunsch angesprochen werden.

Ich stellte ihr verschiedene Varianten vor, um Arbeitgeber zu recherchieren. Als ersten Schritt sollte sie eine Liste machen, bei welchen Unternehmen sie selbst Kundin war. 15 Firmen konnten so spontan notiert werden. Danach sichtete Frau H. alle Belege, Angebote und Rechnungen, die sich bei ihr zu Hause in ihrer privaten Ablage befanden. Zehn weitere passende Arbeitgeber kamen hinzu.

Als nächsten Schritt sollte Frau H. herausfinden, welche Arbeitgeber in ihrem Stadtviertel ansässig sind. Sie nahm sich einen Stadtplan vor und stellte sich eine Tour zusammen. Zu Fuß oder per Fahrrad schaute sie sich in ihrer näheren Umgebung jeden Straßenzug an. Entdeckte sie ein Firmenschild, machte sie davon ein Foto mit ihrem Mobiltelefon. Nebenbei achtete sie auf Werbeplakate, die regionale Arbeitgeber zeigten. Nach drei Vormittagen war die Recherche vor Ort abgeschlossen. Danach hatte sich ihre Arbeitgeberzielgruppe um weitere 30 Unternehmen erweitert.

Insgesamt hatte Frau H. nun 55 potenzielle Arbeitgeber in ihrer näheren Umgebung zur weiteren Bearbeitung vorliegen. Jedoch wurden diese nicht mehr benötigt, denn es ergab sich ein glücklicher Umstand: Während der Recherche in ihrem Stadtviertel stand sie einmal vor einem Sanitätshaus. Dabei wurde sie von einer Dame angesprochen. Diese fragte freundlich nach, ob sie helfen könne. Frau H. mache den Eindruck, als ob sie etwas suche. So kam man ins Gespräch. Es stellte sich heraus, dass die Frau die Inhaberin selbst war und schon längere Zeit darüber nachgedacht hatte, eine Verstärkung für die Administration einzustellen. In diesem Bereich wäre ihr die Arbeitsbelastung mittlerweile zu hoch, so die Inhaberin. Frau H. wurde angeboten, doch einmal Bewerbungsunterlagen vorbeizubringen. Da Frau H. immer einige Exemplare mit sich führte, wenn sie vor Ort recherchierte, konnte sie sofort ihre Unterlagen aushändigen.

Drei Tage später fragte man Frau H., ob sie an einem Gespräch interessiert sei. Eine Woche später unterschrieb sie ihren Arbeitsvertrag.

Erfahren Sie im Alltag zufällig auf andere Weise von Arbeitgebern, können Sie ähnlich vorgehen. Tippen Sie den Namen einfach in die Notizfunktion Ihres Mobiltelefons ein oder notieren Sie sich die Daten auf einem Zettel (immer etwas zu schreiben im Auto liegen haben). So können Sie Ihre Liste möglicher Arbeitgeber stetig erweitern.

2.1.3 Messen

Falls Sie für Ihren neuen Job eine klar definierte Branche anstreben, ist der Besuch von Messen sicher die beste Recherchevariante. An einem einzigen Ort finden Sie alle maßgeblichen Unternehmen vor. Visitenkarten, Imagebroschüren oder Geschäftsberichte können eingesammelt und Kontakte direkt geknüpft werden. Wichtige E-Mail-Adressen oder Telefonnummern sowie Namen von zuständigen Ansprechpartnern sind ebenso leicht ermittelbar.

Praxisbeispiel:

Frau F. war Leiterin eines Seniorenheims. Ihre Einrichtung wurde von einem großen Träger aufgekauft. Sie wurde Opfer von Rationalisierungsmaßnahmen. Auf meine Frage, ob Frau F. denn ihre Arbeitgeberzielgruppe kenne, stellte sich heraus, dass sie bisher nur mit einer einzigen Einrichtung Gespräche geführt hatte. Kurzerhand wurden die Begriffe MESSE, SENIOREN, BETREUTES WOHNEN, ALTENHEIME und Ähnliches in eine Internetsuchmaschine eingegeben und wir hatten Glück. Eine 50plus-Messe stand an. Am Wochenende wurden auch Privatpersonen eingelassen.

Frau F. war es nicht gewohnt, fremde Menschen anzusprechen. Ich habe ihr deshalb empfohlen, sich nicht zu sehr zu Gesprächen zu zwingen. Vielmehr sollte sie auf der Messe Visitenkarten oder Broschüren von interessanten Arbeitgebern einsammeln. Dafür studierten wir zwei bis drei simple Formulierungen zur Ansprache ein.

Zwei Wochen später, zum zweiten Gespräch, erschien eine erleichterte Frau F. Sie erzählte, dass sie den ganzen Sonntag auf der Messe verbrachte. Und dies hatte ihr sogar viel Freude bereitet. Etwas mehr als 150 Firmen und gemeinnützige Einrichtungen hatten sich dort präsentiert. Davon erschienen 33 Aussteller interessant. Frau F. nahm sich entweder Infobroschüren mit oder fragte nach einer Visitenkarte. Dabei entwickelten sich, und zwar ohne ihr aktives Zutun, einige interessante Gespräche. Obwohl die Messe per se mit dem Thema Personalbeschaffung nichts zu tun hatte, wurde sie in acht Fällen ausdrücklich ermuntert, sich zu bewerben. Alle Namen der zuständigen Mitarbeiter sowie deren Kontaktdaten wurden ihr bereitwillig mitgeteilt.

In einem Fall landete Frau F. sogar einen Volltreffer: Ein Entscheidungsträger war zufällig anwesend, als sie sich am Messestand informieren wollte. Sie wurde zu einem Kaffee eingeladen und man unterhielt sich einige Minuten. Am Ende des Gesprächs hatte Frau F. die Einladung für ein Vorstellungsgespräch in der Tasche.

In der Summe hatte sie durch einen einzigen Messebesuch 33 hochinteressante Arbeitgeber kennengelernt. Zudem lagen ihr Informationen vor, welche Kontaktdaten und Ansprechpartner maßgeblich sind. In vielen Fällen gab man ihr sogar Auskunft über interne Abläufe und Anforderungen. Manchmal erhielt sie sogar wertvolle Tipps, welche weiteren Vorgehensweisen bei der jeweiligen Einrichtung am erfolgversprechendsten sind, also eine ganze Menge von Insiderinformationen.

Auf Messen werden Ihnen nahezu ideale Bedingungen zur Arbeitgeberrecherche geboten. Falls keine Privatpersonen zugelassen sind oder gerade keine passenden Veranstaltungen stattfinden, können Sie zumindest versuchen, Ausstellerlisten im Internet zu recherchieren.

2.1.4 Umfeld

Die wertvollste Ideenquelle für mögliche Arbeitgeber liegt in Ihrem privaten Umfeld. Ich mache regelmäßig die Erfahrung, dass viele Jobsuchende dieses hohe Potenzial völlig außer Acht lassen, um von interessanten Firmen zu erfahren.

Früher hatte der Status ‚auf Jobsuche zu sein' für den Betroffenen etwas Peinliches. Vielleicht möchten deshalb viele Arbeitssuchende oder Wechselwillige nicht über ihre Situation sprechen. Diese Einstellung passt jedoch nicht mehr in unsere Zeit.

Aufgrund des dynamischeren Arbeitsmarkts ist heute nahezu jeder Arbeitnehmer mit diesem Thema konfrontiert. Jobwechsel oder Arbeitslosigkeit gehören heute mehr oder weniger zum Berufsalltag. Prüfen Sie bitte, ob Sie aus Scham Ihre Suche nach einem neuen Arbeitsplatz mehr oder weniger verheimlichen oder bagatellisieren:

Informieren Sie in aller Deutlichkeit Ihr Umfeld.

Bitten Sie darum, sich zu melden, falls man von interessanten Arbeitgebern oder Vakanzen erfährt. Hängen Sie Ihren Berufswunsch an die große Glocke: Allein dadurch, Ihr Umfeld kurz in Kenntnis zu setzen, wird sich erfahrungsgemäß schon die eine oder andere interessante Gelegenheit ergeben.

Praxisbeispiel:

Ich leitete einen Kurs bei einem privaten Bildungsträger. Die Teilnehmer waren Menschen, die bereits über mehrere Monate keinen Arbeitsplatz hatten finden können – trotz Motivation und vieler Bemühungen. Ich forderte die Teilnehmer auf, die Namen aller Menschen, die sie kannten, aufzuschreiben. Sie sollten für sich prüfen, ob jede der notierten Personen darüber informiert war, dass der oder die Betreffende einen Arbeitsplatz suchte. Auch alle Arbeitskollegen und Vorgesetzten aus dem bisherigen Berufsleben sollten berücksichtigt werden.

Nach einigen Tagen kam ein Teilnehmer auf mich zu und berichtete Folgendes: Zunächst müsse er einräumen, dass er seine Arbeitslosigkeit in seinem Umfeld bisher entweder bagatellisiert oder nur am Rande erwähnt habe. Er wollte dies in Zukunft ändern. Bevor er allerdings dazu kam, rief ihn zufällig eine alte Freundin an. Sie hatten seit Monaten nicht mehr miteinander gesprochen und unterhielten sich über private Dinge. Aufgrund der Inspiration durch den Unterricht formulierte der Teilnehmer irgendwann seiner Bekannten gegenüber klar und deutlich, dass er gerade einen Job suche. Ob sie eine Idee habe? Seine Bekannte war überrascht. Sie fragte ihn, ob er sich nicht mehr daran erinnere, dass sie schon seit vielen Jahren für Personaleinstellungen in ihrer Firma mit zuständig sei? Sie arbeitete bei einer überregionalen, gemeinnützigen Organisation, die dem Öffentlichen Dienst angelehnt war. Die Bekannte sagte dem Kursteilnehmer, sie habe zwar gewusst, dass er einen Job suche, allerdings sei ihr die Dringlichkeit in keiner Weise bewusst gewesen. Er hätte es nur am Rande erwähnt und so getan, als sei alles kein Problem. Sie lud ihn auf einen Kaffee in ihr Büro ein und sagte, sie werde sich bis dahin ein paar Gedanken machen. Natürlich hatte sich auch diese Dame gegenüber Vorgesetzten zu rechtfertigen und unternehmensinterne Gegebenheiten zu berücksichtigen. Sie konnte natürlich nicht aufs Geratewohl hin einen Job vergeben. Mein Kunde erhielt aber dennoch das Angebot, zumindest eine Woche auf Probe zu arbeiten. Damit könne sie ihn beruflich kennenlernen und er könne sich einen Überblick verschaffen.

Lange Rede, kurzer Sinn: Nach dem Ende dieser Probewoche war eine Teilzeitstelle zu besetzen. Dem Teilnehmer meiner Gruppe wurde diese Teilzeitstelle angeboten. Obwohl er eher eine Vollzeitstelle gesucht hatte und das Gehalt nicht seinen Erwartungen entsprach, nahm er den Arbeitsplatz an. Das Aufgabengebiet interessierte ihn sehr und er nutzte die Gelegenheit, den berühmten Fuß in die Tür zu bekommen.

Nach vielen Monaten traf ich ihn zufällig wieder. Ich fragte nach, was aus seinem Job geworden sei. Erfreut eröffnete er mir, dass er sich beruflich verbessert habe. Er konnte sechs Monate nach Antritt der Teilzeitstelle abteilungsintern wechseln. Nun hatte er eine Vollzeitstelle und das Gehalt entsprach genau seinen Vorstellungen.

Zuvor war der Teilnehmer 18 Monate lang arbeitslos gewesen. Hätte er bereits in den ersten Wochen der Stellensuche sein Umfeld unmissverständlich informiert, hätte er sich wohl viele Sorgen und Mühen ersparen können.

Immer wieder gibt es Beispiele, in welchen der Bekanntenkreis als eine Art ‚Jobvermittler' fungierte. Nur wenn Sie permanent kommunizieren, bewahren Sie sich die Chance, wertvolle Informationen über mögliche Arbeitgeber zu erhalten.

Sicher kennen Sie mehr Menschen, als Sie derzeit vermuten. Manche sind Freunde, andere schätzen Sie als gute Bekannte und einige kennen Sie nur durch Smalltalks. Neben alledem stehen die vielen Begegnungen in der Vergangenheit. Oft hat man sich ohne besonderen Grund aus den Augen verloren. Solche Bekannte sollten Sie sich wieder ins Gedächtnis rufen. Vielleicht ist ein Kontakt dabei, der Ihnen den entscheidenden Tipp geben kann.

Auf den folgenden Seiten gebe ich Ihnen nun Gelegenheit, sich an Ihr aktuelles sowie früheres Umfeld zu erinnern. Es folgen Assoziationslisten. Diese Tabellen dienen Ihrer Inspiration. Damit wird Ihnen wieder vieles einfallen. Falls Sie von einigen Bekannten keine Kontaktdaten mehr haben, gibt es zusätzlich die Möglichkeit einzutragen, welche anderen Personen Sie noch danach fragen könnten.

Wenn Sie über Menschen nachdenken, werden Sie überrascht sein, wie viele potenzielle Firmen Ihnen einfallen. Regelmäßig wird bei Ihnen die Frage auftauchen, wo der eine oder andere denn beruflich tätig ist oder war.

Gehen Sie jetzt in aller Ruhe Punkt für Punkt die folgende Übung durch und tragen Ihre Ideen in die Tabelle ein:

	Namen	Telefonnummer oder E-Mail-Adresse	Personen, die ich danach fragen könnte
Aktuelle Freunde und Verwandte?			
Weiterer Bekanntenkreis?			

Dieter L. Schmich

	Namen	Telefonnummer oder E-Mail-Adresse	Personen, die ich danach fragen könnte
Schulkamera-den?			
Dozenten von Fort- und Weiterbildun-gen?			
Lehrer aus der Schulzeit?			

	Namen	Telefonnummer oder E-Mail-Adresse	Personen, die ich danach fragen könnte
Frühere Spielkameraden?			
Frühere Arbeitskollegen/innen?			
Frühere Vorgesetzte oder Chefs?			

	Namen	Telefonnummer oder E-Mail-Adresse	Personen, die ich danach fragen könnte
Kollegen und Vorgesetzte bei Neben- oder Zweit- jobs?			
Mitbewoh- ner/innen oder Nach- barn im Haus?			
Nachbarn in der Straße?			

	Namen	Telefonnummer oder E-Mail-Adresse	Personen, die ich danach fragen könnte
Vereinsleben?			
Sonstige Gruppen, in denen ich aktiv war/bin?			
Mitreisende oder Bekanntschaften im Urlaub?			

Dieter L. Schmich

	Namen	Telefonnummer oder E-Mail-Adresse	Personen, die ich danach fragen könnte
Umfeld des Partners bzw. früherer Partnerschaften?			
Personen in Fotoalben oder Bilddateien?			
Sonstige Ideen			

Haben Sie sich alle Namen notiert, stellen Sie sich nur zwei Fragen:

1. **Wer arbeitet wo?**

2. **Sind darunter Firmen, bei denen ich mich bewerben könnte?**

Bei vielen Personen wird Ihnen sicher bekannt sein, wo sie arbeiten. Bei anderen wiederum nicht. Dies ist dann ein guter Anlass, mal wieder etwas von sich hören zu lassen. So können Sie sich erkundigen, was der eine oder andere beruflich macht. Oder wie die letzten Jahre ganz allgemein gelaufen sind. Wie es mit der Liebe und dem Leben steht. Vielleicht möchten Sie aber auch nur kurz und sachlich über Ihren Status als Jobsuchende/r informieren. Es gibt zahlreiche Gründe, sich mal wieder zu melden. Ihnen werden bestimmt genügend Anlässe einfallen.

Im Übrigen werde ich Ihnen später, speziell zu diesen privaten Konstellationen keine vorgefertigten Gesprächsleitfäden liefern. Dies hat seinen Grund: Speziell in Ihrem Umfeld ist Ihr gewohnter Sprachgebrauch am erfolgreichsten:

> **Bleiben Sie bei Ihrem Naturell und erinnern Sie sich, dass es auch Spaß machen kann, sich mal wieder zu melden.**

Ebenso müssen Sie Ihre bisherigen Gewohnheiten nicht ändern. Das heißt, sind Sie jemand, der am liebsten telefoniert, dann bleiben Sie dabei. Falls Sie in der Regel lieber E-Mails schreiben, sollten Sie dies auch weiterhin so machen. Sind Sie eher ein Onlinenetzwerker, dann kommunizieren Sie weiter über Ihre Onlinecommunity. Es ist nicht wichtig, wie Sie Kontakt aufnehmen oder welche Worte Sie finden, um andere zu informieren oder um herauszubekommen, wer wo arbeitet. Maßgeblich ist nur, dass Sie es überhaupt tun.

> **Geben Sie auch Zufällen eine Chance.**

Es wäre nicht das erste Mal, dass sich bei dieser Variante der Recherchearbeit etwas ergibt, von dem Sie nicht zu träumen gewagt hätten.

Dieter L. Schmich

Zumindest werden Sie eine Vielzahl neuer Ideen bezüglich infrage kommender Unternehmen generieren. So wird Ihre Sammlung möglicher Arbeitgeber größer und größer.

2.1.5 Internet

Geht es um die Recherchearbeit, kommt dem Internet maßgebliche Bedeutung zu. Es ist eine beinahe unbegrenzte Fundgrube, um potenzielle Arbeitgeber zu entdecken. Falls Sie im Umgang mit dem Internet noch ungeübt sein sollten, ist dies eine ideale Gelegenheit, sich damit etwas näher zu befassen. Man bemerkt oft gar nicht, dass man fast nebenbei und vor allem spielerisch zum Könner wird.

So umfangreich das World Wide Web ist, so dynamisch ist es aber leider auch. Täglich entstehen neue Internetseiten. Ebenso verschwinden viele Präsenzen. Zudem werden die Seiten permanent modifiziert und neu verlinkt. Die beste Möglichkeit, aktuelle Daten zu generieren und sich einen Überblick in diesem Dschungel von Informationen zu verschaffen, ist der geübte Umgang mit Suchmaschinen. Die größten Internetsuchmaschinen sind:

- **Google**

- **Yahoo**

- **Bing**

Im Übrigen übernehmen alle anderen Suchmaschinen zu 90 Prozent die Ergebnisse der drei großen Marktführer. Demnach können Sie unbesorgt eine der oben genannten Adressen verwenden.

Die althergebrachte Redewendung „Der Weg ist das Ziel" findet hier seinen aktuellen Bezug. Probieren Sie alle möglichen Suchbegriffe aus, um die für Sie geeigneten Unternehmen finden zu können. Das Ganze ist nichts anderes als eine Frage Ihrer Kreativität. Entdecken Sie Ihren Spaß an ein bisschen Detektivarbeit. Surfen Sie im Internet und lassen Sie sich von den Suchergebnissen überraschen. Wenn Sie täglich online recherchieren, werden Sie in diesem Metier schneller routiniert sein, als Sie denken.

Aber auch ganze Branchen- oder sonstige Arbeitgeberlisten können online gefunden werden. So sind beispielsweise Unternehmensverzeichnisse oft auf den Internetseiten der Städte und Gemeinden zu finden (meist unter dem Button „Wirtschaft", „Gewerbe", „Unternehmen" oder Ähnlichem versteckt). Falls regional begrenzt gesucht wird, können Unternehmen dort sehr einfach recherchiert werden. Oft gibt es gleich die passenden Telefonnummern, Homepage- und E-Mail-Adressen dazu. Die Betreiber dieser städtischen Internetpräsenzen haben es in der Regel geschafft, dort mehr als die Hälfte aller ansässigen Arbeitgeber zu listen.

Darüber hinaus können Sie Branchenbücher direkt anklicken. Falls Sie Unternehmen suchen, die Endkunden als Zielgruppe haben, sind die „Gelben Seiten" noch immer eine gute Fundgrube.

Ebenso ist es möglich unter www.google.maps.de Branchen einzutippen (z.B. METALLBEARBEITUNG, „PLZ" und das Wort „Deutschland"). Dann werden Ihnen viele Firmen (links von der Landkarte) in der gewünschten Region angezeigt.

Praxisbeispiel:

Frau E. war Hörgeräteakustikerin. Sie hegte schon seit Jahren den Wunsch, ihren Wohnort zu wechseln, um in einer Stadt mit einer höheren Lebensqualität leben zu können. Eine Anstellung in Süddeutschland nahe der Schweizer Grenze war das erklärte Ziel.

Zuerst recherchierte sie mithilfe „Google-Maps" Städte und Ortschaften in der gewünschten Region. Anschließend gab sie die gefundenen Städtenamen, kombiniert mit typischen Fachbegriffen der Hörakustik, in eine Suchmaschine ein und sichtete die Ergebnisse. Zusätzlich ergaben sich weitere zahlreiche Links und Hinweise.

Sie hatte immer neue Ideen für Suchbegriffe. So tippte Sie auch Na-

men von typischen Krankheitsbildern von Gehörgeschädigten ein. Das Surfen machte ihr schnell großen Spaß. In wenigen Stunden konnte sie für ihre gewünschte Region 40 passende Hersteller, Einzelhändler, Vertriebsgesellschaften und Serviceunternehmen recherchieren.

Es gibt unzählige Einsatzmöglichkeiten für Internetsuchmaschinen. Manchmal liegt Ihnen im Rahmen anderer Recherchetechniken (z.B. ein Firmenschild während des Autofahrens entdeckt) lediglich der Name eines Unternehmens vor. In diesem Fall können Sie die notwendigen Daten wie Firmierung, Telefonnummer oder E-Mail-Adresse online schnell recherchieren. Auf den Internetpräsenzen der Unternehmen können Sie dann nach den fehlenden Kontaktdaten oder einfach nur nach dem „Impressum" suchen.

2.1.6 Externe Netzwerke

Darunter fallen Beziehungsgeflechte wie beispielsweise Vereine, Businessclubs, Interessengemeinschaften und sonstige bereits etablierte Zirkel. Allerdings weisen solche gesellschaftlichen Strukturen eher einen geschlossenen Charakter auf.

Zumindest in unserem Kulturkreis erfordert das Vorankommen in solchen Netzwerken unter Umständen viel Zeit und Engagement. Man hat sich zu etablieren. Darüber hinaus sind solche Gesellschaften auch nicht jedermanns Sache.

Je besser ein Netzwerk ist, umso schwieriger ist der Zugang.

Im Umkehrschluss bedeutet das aber auch: Je einfacher Sie als Außenstehender zu bestimmten Gruppen Zugang finden, umso höher ist die Wahrscheinlichkeit, dass Sie dort auf Menschen treffen, die Ihnen zumindest bei Ihrem beruflichen Vorankommen nicht weiterhelfen können.

Bei niveauvollen Netzwerken sind Sie hingegen darauf angewiesen, für den Zugang empfohlen zu werden. Liegen Referenzen vor und ist der Eintritt geschafft, ist Zurückhaltung angebracht. Wer jedoch denkt, man könne dort im Handumdrehen (wie es oft versprochen wird) funktionierende Kontakte aufbauen, wird schnell enttäuscht sein. Neulinge werden meist mit Argusaugen beobachtet. Vertrauen ist zunächst aufzubauen und erste Bekanntschaften müssen bedächtig angegangen werden.

Dies benötigt nun mal seine Zeit. Falls Sie daran Spaß finden oder sogar anspruchsvolle Karrierepläne schmieden, können Sie sich natürlich solchen Beziehungsgeflechten widmen. Mittelfristig sollten Sie sich aber von externen Netzwerken unabhängig machen. Im dritten Teil der Karriere-Trilogie zeige ich im Übrigen auf, wie Sie sich Ihr eigenes Netzwerk aufbauen können.

Jetzt benötigen Sie aber schnelle Ergebnisse. Um kurzfristig einen besseren Job zu finden, hilft zum aktuellen Zeitpunkt das Networking per se nicht weiter. Nun ist es zu spät, sich gute Kontakte in der Arbeitswelt aufbauen zu wollen. Aber keine Sorge – die in diesem Buch vorgestellten Recherchetechniken sind ausreichend, um auch ohne Beziehungen genügend offene Stellen zu entdecken.

Unabhängig davon gibt es aber auch einige Instrumente aus der Netzwerkphilosophie, die Sie schon jetzt einsetzen können. Es geht hierbei um die Onlinecommunities, die sich im Internet etabliert haben. Zwar haben diese das Manko, dass meist die kommerzielle Nutzung privater Daten sowie das Anzeigengeschäft im Vordergrund stehen, dennoch bieten diese Communities für Ihre Zwecke einige Vorteile. Zum Auffinden von Personen und Arbeitgebern sind sie nämlich wunderbar geeignet.

Wird Ihnen irgendwo ein Name genannt, können Sie diesen schnell einmal eintippen und sich von den Suchtreffern überraschen lassen. Demgemäß ist es durchaus sinnvoll, zumindest bei ein bis zwei großen Internetnetzwerken Mitglied zu sein. So haben Sie die notwendige Berechtigung, auf andere Onlineprofile zuzugreifen. Große Onlineanbieter sind derzeit:

- **Facebook (Allrounder, Zielgruppe eher private Kontakte)**

- **Google+ (Konkurrenz zu Facebook)**

- **LinkedIn (Schwerpunkt: internationale, berufliche Kontakte)**

- **XING (Schwerpunkt: D, CH und A, berufliche Kontakte)**

Haben Sie sich dort angemeldet und Ihr Profil erstellt, können Sie darüber hinaus selbst kontaktiert werden. Es ist durchaus denkbar, dass jemand Sie erreichen möchte und Ihre Daten gerade nicht parat hat. So sind Sie online schnell zu finden. Man kann Ihnen bequem eine Nachricht zukommen lassen.

Auch im Umkehrschluss kann dies angenehm für Sie sein. Falls Ihnen einmal von einem namentlich bekannten Ansprechpartner die direkte E-Mail-Adresse oder die Telefondurchwahl nicht vorliegen sollte, können Sie ihn trotzdem auf simple Art und Weise kontaktieren.

Obwohl Onlinenetzwerke umstritten sind, ist es heute dennoch eine Selbstverständlichkeit, in einem Netzwerk zumindest für Businesskontakte dabei zu sein. Sie müssen lediglich eine gewisse Vorsicht walten lassen: Erstens bezweifle ich, dass die gesetzlichen Datenschutzbestimmungen bei den jeweiligen Anbietern tatsächlich eingehalten werden und zweitens sind einmal ins Internet eingestellte Daten grundsätzlich nicht mehr restlos löschbar. Das alles ist nicht weiter dramatisch, wenn Sie darauf achten, keine zu privaten Daten und Fotos ins World Wide Web hochzuladen.

> **Online eingestellte Daten sind wie Tätowierungen. Hat man sich dafür entschieden, ist dies nicht mehr umkehrbar.**

Selbst dann, wenn ein Betreiber einer Internetseite bereit sein sollte, Ihre eingestellten Angaben wieder zu löschen, so müssen Sie davon ausgehen, dass Ihre gesamten Daten zwischenzeitlich von anderen Onlinedienstleistern weiterverarbeitet wurden. Dennoch empfehle ich Ihnen grundsätzlich:

▪ **Sie sollten auf jeden Fall Ihren Berufswunsch ins Netz stellen.**

▪ **Einige ausgewählte Teile Ihrer Berufserfahrungen ebenso.**

Insbesondere den Inhalt Ihrer „Beruflichen Botschaft", die Sie als Ergebnis Ihrer Profilanalyse formuliert haben, können Sie bedenkenlos veröffentlichen, schließlich sind darin keine privaten oder gar intimen Daten enthalten. Solche Berufserfahrungen lassen sich beispielsweise beim Onlinenetzwerk „XING" sehr professionell veröffentlichen (Jobbörsen und Arbeitgeberprofile werden dort ebenfalls angeboten). Dabei sollten Sie grundsätzlich immer nur über Kernkompetenzen sprechen, anstatt die Namen Ihrer bisherigen Arbeitgeber preiszugeben. Falls irgendwo Fotos hochzuladen sind, lege ich Ihnen ans Herz, sich auf eine einzige Aufnahme zu beschränken. Nehmen Sie einfach Ihr offizielles Bewerbungsfoto und ernennen Sie dieses ab sofort zu Ihrem PR-Bild.

Haben Sie sich schließlich mit Ihrem Onlineprofil ausreichend beschäftigt, können Sie bequem Personen oder Firmen recherchieren. Benötigen Sie zudem Zusatzinformationen über bestimmte Ansprechpartner, ist dies ebenso oft einfach und schnell machbar (z.B. aktuelle Position, Anstellungsdauer etc.).

Neben den Onlinecommunities gibt es auch die Möglichkeit, einen zu recherchierenden Namen oder eine E-Mail-Adresse ‚zu googlen'. Achten Sie darauf, den gewünschten Vor- und Zunamen in Anführungszeichen zu setzen. So erscheinen ausschließlich nur diejenigen Suchtreffer, mit denen der Suchbegriff absolut identisch ist. Dabei treten immer wieder beeindruckende Ergebnisse zutage, die durchaus sehr kurzweilig und abendfüllend sein können.

Führen Sie doch einmal ein kleines Experiment durch und recherchieren Sie sich selbst. Lassen Sie sich von den Ergebnissen überraschen.

Zurück zur Suche denkbarer Arbeitgeber: Falls Sie möglicherweise schon jetzt ein engagiertes Mitglied eines Onlinenetzwerks sind, können Sie durchaus einmal Ihre Kontakte bzw. ‚Freunde' durchklicken und sich die bereits bekannten Fragen stellen:

- **Wer arbeitet wo?**

- **Wer kann mir Ansprechpartner oder Kontaktdaten nennen?**

Sie sehen, es geht immer wieder um das gleiche Prinzip: Welche Firmen gibt es grundsätzlich? Sind diese für mich interessant? Und wenn ja, wie komme ich an erste Kontaktdaten heran?

2.1.7 Zusammenfassung

In letzter Konsequenz haben Sie in dieser ersten Phase nichts anderes zu tun, als Daten zu sammeln. Das heißt, Sie machen sich eine simple Liste von möglichen Arbeitgebern, die folgende Informationen enthält:

- **Unternehmensbezeichnung und Firmensitz.**

- **Allgemeingültige E-Mail-Adresse oder Telefonnummern.**

Durch die Vielzahl der hier vorgestellten Recherchevarianten werden Sie bemerken, dass schnell eine sehr große Menge potenzieller Arbeitgeber zusammenkommt. Diese Größenordnung ist jedoch gewollt. Selbstverständlich ist diese Anzahl von Ihrer Branche, Ihrem gewünschten Tätigkeitsbereich sowie von der gewünschten Region, in der Sie arbeiten möchten, abhängig. Dennoch rate ich Ihnen:

> **Es wäre nahezu ideal, wenn sich bei Ihrer Recherchearbeit**
> **200-300 potenzielle Arbeitgeber ergeben würden.**

Falls Sie jedoch nur einen kleinen Bruchteil dieses Rechercheziels erreichen, weil ganz einfach nicht genügend passende Arbeitgeber für Sie existieren, sollten Sie Ihre beruflichen Vorstellungen kurz auf den Prüfstand stellen. Vielleicht ist es möglich, Ihre Tätigkeitsbandbreite oder den Radius der gewünschten Region ein wenig zu erweitern. So gewährleisten Sie, dass die Gesamtmenge potenziell infrage kommender Unternehmen nicht zu gering ausfällt. Je weniger Firmen Ihnen zur Verfügung stehen, umso mehr sind Sie wieder darauf angewiesen, dass alles perfekt funktionieren muss.

Je mehr Auswahl an möglichen Arbeitgebern Sie haben, desto machtvoller ist Ihre Position.

Klappt es beim einen nicht, dann eben beim anderen. Zudem erhöhen Sie erheblich die Wahrscheinlichkeit, auch einmal einen Volltreffer zu landen.

Alles in allem haben Sie sicher bemerkt, dass Sie schon in dieser ersten Phase Ihrer Jobsuche neben der Arbeitgeberrecherche auch einige Namen wichtiger Ansprechpartner herausfinden werden. Dies ist zwar optimal, allerdings nicht unbedingt erforderlich. Die für Sie zuständigen Mitarbeiter oder Entscheidungsträger werden in der jetzt anstehenden zweiten Phase sowieso ermittelt.

2.2 Kurzanfragen

In dieser zweiten Phase Ihrer Jobsuche beginnt jetzt die konkrete Fahndung nach verdeckten Vakanzen. Den Anteil der sichtbaren Stellenanzeigen in den Print- und Onlinemedien haben Sie zu diesem Zeitpunkt bereits erledigt. Sie erinnern sich: Bei der ersten Rechervariante „Passende Arbeitgeberdaten aus unpassenden Stellenanzeigen" haben Sie als Nebeneffekt auch diejenigen Positionen entdeckt, die als Anzeige der breiten Öffentlichkeit zugänglich gemacht wurden und zufällig auch zu Ihrem Berufswunsch passten. Bleibt also das Gros aller anderen Vakanzen übrig, die im Internet oder in Zeitungen nicht auffindbar sind. Der Löwenanteil aller attraktiven, im Arbeitsmarkt vorhandenen offenen Positionen.

Wie Sie inzwischen wissen, sollten Sie die recherchierten Unternehmen, Einrichtungen, Behörden oder sonstigen Institutionen nicht ungefragt mit Bewerbungsunterlagen belästigen:

Sie bewerben sich bitte erst dann, wenn Sie dafür ‚grünes Licht' bekommen haben.

Weil die meisten Bewerber die direkte Kontaktaufnahme zu Arbeitgebern scheuen, werden Unterlagen in der Regel schon auf den Weg gebracht, obwohl es dafür noch gar keinen Anlass gibt.

Natürlich ist es verführerisch, ohne die Beschaffung grundsätzlicher Informationen Unterlagen zu versenden. Das ist nicht nur bequem, man kann sich zudem einreden, aktiv gewesen zu sein und etwas für die Jobsuche getan zu haben. Die Bewerbung wird an eine ominöse „Personalabteilung" adressiert (obwohl die wenigsten Abteilungen heute noch so bezeichnet werden) und das Anschreiben wird mit einem unpersönlichen „Sehr geehrte Damen und Herren" eröffnet. Man hofft, dass sich schon irgendjemand damit befassen wird. Solche ‚Bewerber' verfolgen damit die gleiche Strategie wie die Masse aller anderen Jobsuchenden auch. Man weigert sich, den Gedanken aufkommen zu lassen, dass der betreffende Arbeitgeber mit der Bearbeitung eingehender Bewerbungsunterlagen vielleicht überhaupt nicht mehr nachkommt. Oder im Extremfall schon längst damit aufgehört hat, sich mit ungebetenen Initiativbewerbungen näher zu befassen.

Leider trifft man immer wieder auf Jobsuchende, die eine solche nostalgische Vorgehensweise verfolgen und sich zugleich über mangelndes Feedback wundern oder sich sogar bitterböse beschweren, dass sie ihre Unterlagen nicht mehr zurückerhalten. Sie erwarten maximales Engagement von der Arbeitgeberseite, obwohl niemand sie im Vorfeld darum gebeten hat, sich zu bewerben. Nach dem Motto: „Ich selbst mache mir vorab keine Mühe herauszufinden, ob eine Bewerbung erwünscht und damit zielführend ist. Ich gehe nicht das

Risiko einer Ablehnung bei einer Kontaktaufnahme ein. Ich versende viel lieber bequem, planlos und aufs Geratewohl hinaus meine Unterlagen. Lieber soll sich das Unternehmen den Kopf zerbrechen, wer zuständig ist und ob es etwas Passendes für mich gibt oder nicht."

Es gibt sogar Bewerber, die sich öffentlich damit brüsten, sich dutzende (manchmal auch hunderte) Male beworben zu haben und niemals habe sich etwas ergeben. An ihnen läge es nicht, so rechtfertigen sie sich, schließlich hätten sie genug Engagement gezeigt. Werden solche Fälle genauer analysiert, offenbart sich meist, dass sich die Betroffenen auf das Eintüten oder Versenden von Bewerbungsunterlagen spezialisiert haben. Das effektive Bewerben auf konkrete offene Stellen funktioniert definitiv anders.

Je länger die Masse noch an althergebrachten Bewerbungsstrategien festhält, desto größer ist Ihr Vorsprung. Sie können unbesorgt davon ausgehen, dass das auch noch lange so bleiben wird. Die alte Methode, sich initiativ zu bewerben, ist für die meisten zu verführerisch, als dass sie davon ablassen würden. Demnach hält bedauerlicherweise (trotz Aufklärung) die Mehrzahl Ihrer Mitbewerberinnen und Mitbewerber an Vorgehensweisen fest, die noch aus den Zeiten unserer Eltern und Großeltern stammen. So werden keine oder die falschen Stellenangebote gefunden, frustrierende Erfahrungen mit Arbeitgebern gemacht und schließlich ist man der Ansicht, dass es nur noch schlecht bezahlte Stellen oder zwielichtige Unternehmen gibt. Man verliert die Nerven und kommt irgendwann zum Schluss, dass die Suche nach einem besseren Job eine nervenaufreibende Kraftanstrengung ist. Es wird nicht mit der Möglichkeit gerechnet, dass man nur unzeitgemäß dieses ganze Thema angegangen ist und schlicht die falsche Bewerbungsstrategie verfolgt hat.

Sie hingegen können ab sofort professionell agieren und sich das berufliche Leben einfacher machen. Durch eine moderne Vorgehensweise sind berufliche Alternativen leichter zu finden, als das Gros der Berufstätigen denkt.

Dieter L. Schmich

Zurück zu den von mir empfohlenen Kurzanfragen:

Bevor Sie sich bewerben, nehmen Sie mit den zuvor recherchierten Unternehmen Kontakt auf.

So unterliegen Sie nicht der Selbsttäuschung, aktiv gewesen zu sein. Stellen Sie selbst sicher, dass Ihre Dokumente Beachtung finden. Sie sollten es ablehnen, das Prinzip ‚Hoffnung‘ zu verfolgen und im Vorfeld überprüfen, ob Ihr Engagement überhaupt erwünscht ist. Holen Sie sich zunächst das Okay von Arbeitgebern ein. Erhalten Sie währenddessen den Namen des zuständigen Ansprechpartners, erhöhen Sie die Wahrscheinlichkeit exorbitant, dass Ihre Unterlagen nicht irgendwo im Unternehmen verloren gehen bzw. unberücksichtigt bleiben. Zudem erhalten Sie meist weitere Insiderinformationen, die Ihnen maßgeblich helfen werden, Ihre Bewerbung individuell und passgenau auf die jeweilige Position abzustimmen.

Selbstverständlich muss ich auch einräumen, dass die Kontaktaufnahme nicht in allen Fällen gelingt. Darüber hinaus müssen Sie damit rechnen, auch an überlastetes oder lustloses Personal zu geraten. Ist die direkte Kommunikation mit zuständigen Mitarbeitern nicht möglich, bleibt Ihnen leider nichts anderes übrig, als sich ausnahmsweise unpersönlich und pauschal zu bewerben. Dennoch sollten Sie grundsätzlich versuchen, diese unvorteilhafte Ausgangssituation zu verhindern. Das ist in mehr Fällen möglich, als Sie denken.

Wenn Sie mit den recherchierten Arbeitgebern Kontakt aufnehmen, haben Sie also Folgendes zu erfragen:

Sind Stellen vakant und wer ist zuständig?

Da Ihnen wahrscheinlich eine große Menge möglicher Arbeitgeber vorliegt, haben Sie keine Zeit, dabei großartigen Aufwand zu betreiben. Erst dann, wenn Sie tatsächlich eine freie Stelle entdeckt haben, gibt es einen Anlass, sich umfangreich mit dem betreffenden Arbeitgeber auseinanderzusetzen. Soweit sind Sie jedoch an dieser Stelle noch nicht. Jetzt gilt es, zunächst so effektiv wie möglich vorzugehen. Nur mit einfachen und schnellen Kurzanfragen können Sie es schaffen, zahlreiche Arbeitgeber auf freie Positionen ‚abzuklopfen'.

Um sich die erwähnten Insiderinformationen zu beschaffen, sind verschiedene Kommunikationswege nutzbar. In der Hauptsache beschränken sie sich auf drei Möglichkeiten:

1. **Telefon**

2. **E-Mail**

3. **Gespräche vor Ort**

Welche Variante für Sie am zweckmäßigsten ist, hängt von Ihrer angestrebten Tätigkeit und von Ihrem Naturell ab. Versuchen Sie dennoch, alle drei Kontaktvarianten anzuwenden. Dann werden Sie schnell herausfinden, welche der drei Möglichkeiten speziell für Sie am effektivsten ist.

Für alle drei Kommunikationskanäle werde ich Ihnen jetzt spezifische Vorgehensweisen vorschlagen. Über viele Jahre hinweg habe ich die unterschiedlichsten Techniken und Formulierungen getestet. Ich stelle Ihnen nun die erfolgreichsten vor. Sie erhalten auf den nächsten Seiten telefonische Mustergespräche, E-Mail-Texte und Gesprächsleitfäden. Wir starten zunächst mit der telefonischen Variante einer Kurzanfrage.

2.2.1 Telefon

Dieser Weg für die Kurzanfragen, ob eine Bewerbung sinnvoll sein könnte, ist besonders zu empfehlen, wenn Sie gerade nicht berufstätig sind oder Sie sich tagsüber ungestört ein bis zwei Stunden Zeit nehmen können. Falls Sie derzeit ein bisschen außer Übung sind, empfehle ich für das Telefonieren Folgendes:

- **Setzen Sie sich eine Mindestanzahl von Telefonaten als Ziel. Sie werden erst nach fünf bis zehn Gesprächen sozusagen ‚warm'.**

- **Lächeln Sie beim Telefonieren. Das verändert Ihre Stimme positiv.**

- **Die meisten Menschen sind selbstsicherer, wenn sie während des Telefonats stehen, gehen und geschäftsmäßig gekleidet sind.**

- **Stellen Sie sich darauf ein, dass sie auch auf Wichtigtuer, Besserwisser und Demotivierte treffen können.**

Darüber hinaus werden Sie auch (gut gemeinte) Tipps zu hören bekommen, man könne beispielsweise ohne das Vorliegen von Bewerbungsunterlagen nichts sagen oder Sie werden von der Arbeitgeberseite über vermeintlich bessere Vorgehensweisen für die erste Kontaktaufnahme belehrt. Auch hier sollten Sie sich nicht verunsichern lassen, sondern vielmehr triumphierend genießen, dass sich Ihr Gegenüber in diesem Moment schon mit Ihnen auseinandersetzt, ohne sich dessen bewusst zu sein. Erinnern Sie sich bitte daran, dass ich Ihnen hier Wege aufzeige, die jeden Tag den Praxistest bestehen müssen. Ich werde tagtäglich von Ratsuchenden oder Seminarteilnehmern geprüft, ob das, was ich vorschlage, auch tatsächlich im Bewerbungsalltag funktioniert. Über viele Jahre hinweg haben sich einige wenige Vorgehensweisen herauskristallisiert, die durchschnittlich die besten Ergebnisse liefern.

Vielleicht werden Sie dennoch einwenden: „Ich soll da einfach so anrufen?" Ja, Sie sollen das Telefon nutzen, schließlich planen Sie, sich das berufliche Leben bzw. die Jobsuche einfacher zu machen:

Öffnen Sie sich für ungewohnte Wege – es lohnt sich.

Demgemäß sollten Sie sich zum Telefonieren überwinden. Ich verspreche Ihnen, dass Sie schon nach ein paar Gesprächen Ihre Scheu verlieren werden. Bereits nach der ersten Woche Ihres Aktivitätsplans wird Ihnen einleuchten, dass sich das Ganze mehr als gelohnt hat. Sie müssen sich lediglich einer einzigen Herausforderung stellen:

Sie haben eine bestimmte Ausfallquote hinzunehmen.

Im Extremfall können bis zu 90 Prozent aller Ihrer Telefonate erfolglos sein. Das heißt, Sie erreichen niemanden, erhalten den Namen Ihres direkten Ansprechpartners nicht oder werden nicht zu einer Bewerbung ermuntert. Sie sollten jetzt bitte nicht erschrecken – der Umkehrschluss gilt nämlich ebenso: Bei mindestens zehn Prozent aller Anrufe entdecken Sie eine offene Stelle, erhalten die Zusage für eine Bewerbung, erfahren den Namen des zuständigen Mitarbeiters oder erhalten zumindest wertvolle Insiderinformationen.

Es ist nur die Sichtweise, die über Ihren Erfolg entscheidet.

Nehmen Sie sich vor, zehn Anrufe zu tätigen, dann werden Sie mindestens einmal Erfolg haben. Das ist dann Ihr Treffer, den Sie gelandet haben! Sie können aber auch eine andere Strategie anwenden: Sie zählen einfach die „Neins" – die sogenannten Nieten. Sie sammeln neun ergebnislose Anrufe an, spätestens dann erhalten Sie ein erfreuliches Feedback.

Es ist alles eine Frage der Quote.

Akzeptieren Sie dies bitte, auch wenn diese Aussage für Sie ungewöhnlich klingt. Wenn Sie dann mit dem Finden einer „Verdeckten Stelle" oder einer einzigartigen Karrierechance belohnt werden, haben sich alle bisherigen vergeblichen Anrufe schlagartig rentiert.

Im Übrigen werden Sie häufig mit untergeordneten Mitarbeitern Ihres eigentlichen Ansprechpartners telefonieren. Sie werden überrascht sein, wie oft man sich mit Ihnen solidarisch zeigt. In solchen Situationen sollten Sie besonders gut zuhören.

Nicht selten gibt es wertvolle Tipps, sozusagen von Arbeitnehmer zu Arbeitnehmer.

Sie erhalten dann einzigartige Auskünfte über geplante Einstellungen, betriebliche Abläufe oder sonstige interessante Interna („Von mir haben Sie es nicht gehört, aber ich weiß, dass Herr Müller XY plant"). Dies ist der gerechte Lohn für Ihre Bemühungen.

Leider stellen sich viele Bewerberinnen und Bewerber das Telefonieren schwieriger vor, als es tatsächlich ist. Selbst Profis, die es gewohnt sind, tagtäglich zu telefonieren, laufen immer wieder Gefahr, Ihr Gegenüber mit zu viel Text zu überfordern. Aus diesem Grund gebe ich Ihnen jetzt einige Musterformulierungen vor. Es sind getestete Gesprächsleitfäden, die kontinuierlich von mir optimiert wurden.

Ich lege dabei den Schwerpunkt auf den Gesprächsbeginn. Ist das Telefonat erst einmal professionell gestartet, läuft alles Weitere wie von selbst, schließlich haben Sie bis zu diesem Zeitpunkt Ihre „Berufliche Botschaft" im Kopf. Die Tatsache, dass Sie über Ihre beruflichen Vorzüge kurz und bündig sprechen können, ist im Übrigen die grundlegende Voraussetzung für die Kontaktaufnahme!

Ich stelle Ihnen nun drei Gesprächseröffnungen vor. Dies ist notwendig, weil während der zuvor durchgeführten Recherchearbeit unterschiedliche Ausgangssituationen entstehen können.

Situation 1: Ihnen liegt vom Arbeitgeber lediglich eine allgemeingültige Telefonnummer vor

Sie streben zwar in erster Linie die Nennung einer zuständigen Person und das Okay für Ihre Bewerbung an, allerdings ist es wichtig, gleich das gewünschte Einsatzgebiet mit anzugeben. In vielen Unternehmen gibt es dafür unterschiedliche Ansprechpartner. Falls Sie von Anfang an das gewünschte Berufsfeld nennen, weiß Ihr Gesprächspartner (oft die Zentrale), an wen er Sie weiterverbinden muss.

Sie können dabei einen klar definierten Berufsabschluss (z.B. Arzthelferin) oder eine ganze Tätigkeitsbandbreite (z.B. eine Führungsaufgabe im kaufmännischen Bereich) nennen. Für welche Variante Sie sich entscheiden, bestimmt die Eindeutigkeit Ihrer Berufsbezeichnung und das gewünschte Aufgabengebiet. Demnach müssen Sie den nun folgenden Gesprächsleitfaden nur noch hinsichtlich Ihres Berufswunsches leicht modifizieren.

Sie haben nun die Nummer gewählt und es meldet sich jemand. Das Gespräch beginnt:

„Schönen guten Tag, mein Name ist .... Ich möchte mich gerne als .... (alternativ: für den Bereich ....) bei Ihrem Unternehmen bewerben. Können Sie mich bitte weiterverbinden?"

Wenn Sie dann verbunden sind, nochmal das Gleiche:

„Schönen guten Tag, mein Name ist .... Ich möchte mich gerne als .... (alternativ: für den Bereich ....) bei Ihnen bewerben. Wäre dies momentan sinnvoll?"

Falls Sie ein „Ja" oder Ähnliches hören, geht es weiter:

„Sind Sie selbst mein direkter Ansprechpartner?"

„Wünschen Sie meine Bewerbungsunterlagen per Post oder E-Mail?"

„Wie ist bitte die korrekte Schreibweise Ihres Namens?"

„Haben Sie bezüglich meiner Unterlagen besondere Wünsche?"

Falls sich eine Plauderei entwickelt, bieten sich weitere Fragen an:

„Könnten Sie vielleicht noch die wichtigsten Anforderungen für die erwähnte freie Stelle nennen?"

„Gibt es neben meinem gewünschten Einsatzgebiet noch weitere Stellen zu besetzen?"

„Welche Tätigkeitsbereiche haben aus Ihrer Sicht die besten Karriereaussichten?"

„In welchem Zeitfenster ist die Stelle zu besetzen?"

„Welche spezifischen Kenntnisse und Fähigkeiten müsste ich Ihrer Meinung nach unbedingt mitbringen?"

„Haben Sie für mich noch einen grundsätzlichen Tipp?"

"Herzlichen Dank für das informative Gespräch. Ich wünsche Ihnen noch einen schönen Tag."

Falls Sie ein „Nein" hören oder zuvor nicht verbunden wurden:

„Darf ich Ihnen noch eine letzte Frage stellen? Haben Sie vielleicht einen Tipp für mich, bei welchem weiteren Unternehmen ich noch anfragen könnte?"

"Wäre es eventuell sinnvoll, sich zu einem späteren Zeitpunkt wieder zu melden?"

Das war`s! Ich höre immer wieder die Aussage: „So einfach geht das aber nicht." Ich widerspreche hiermit vehement: „So einfach geht das tatsächlich, schließlich sind Sie nach dem Gesprächseinstieg durch Ihre „Berufliche Botschaft" ausreichend gerüstet."

Sie sollten im Übrigen von einem möglichen Anspruch Abstand nehmen, mit allen Personen erfolgreich kommunizieren zu wollen. Dies ist nicht nur völlig unrealistisch, sondern auch überhaupt nicht notwendig:

Bei der Erfolgsquote von zehn Prozent können Sie bei 200-300 Arbeitgebern etwa zwanzig bis dreißig Treffer landen.

Das wären dann wahrscheinlich zwanzig bis dreißig Jobangebote, von denen die Masse aller Arbeitsuchenden nichts wüsste. Im Idealfall wären Sie sogar die einzige Bewerberin oder der einzige Bewerber.

Stellen Sie sich das bitte bildlich vor, tatsächlich bei über zwanzig freien Positionen nahezu keine großartige Konkurrenz durch Mitbewerber zu haben. Zudem ist die Wahrscheinlichkeit recht hoch, dass bei einem Großteil dieser entdeckten beruflichen Perspektiven die

Konditionen oder sonstigen Rahmenbedingungen auch ausreichend attraktiv sind.

Es gibt Jobsuchende, die schon aus dem Häuschen wären, wenn sie eine einzige „Verdeckte Stelle" finden würden, von der andere Kandidaten nichts wissen. Sie werden ein Vielfaches davon erreichen und das alles generieren Sie, indem Sie nur zwei bis drei simple Fragen stellen, die zudem nur wenige Sekunden Zeiteinsatz erfordern.

Gehen wir nun weiter zur nächstmöglichen Konstellation. Sie hatten das Glück, schon während der Arbeitgeberrecherche einen interessanten Namen genannt zu bekommen:

Situation 2: Ihnen wurde ein Ansprechpartner namentlich empfohlen

Sie haben in diesem Fall während Ihrer Recherchearbeit über Dritte eine Empfehlung erhalten. Beispielsweise durch einen Bekannten, durch einen Kontakt auf einer Messe oder durch eine sonstige Begebenheit. So kennen Sie einen Namen und können sich zugleich auf eine Referenz beziehen.

Viele Jobsuchende versenden bereits jetzt ihre Bewerbungsunterlagen. Sie hingegen sollten diesen Fehler nicht begehen. Es gibt keinen Anlass, auf eine Kurzanfrage zu verzichten. Sie müssen damit rechnen, dass sich der genannte Ansprechpartner zwischenzeitlich geändert hat oder die Angaben fehlerhaft sind. Darüber hinaus liegen Ihnen auch hier noch keine Informationen aus erster Hand vor, ob und zu welchem Zeitpunkt eine Bewerbung sinnvoll ist.

Verzichten Sie bitte nie darauf, zumindest zu versuchen, mit derjenigen Person ein paar Worte zu wechseln, die letztendlich Ihre Unterlagen erhält. So bewahren Sie sich nicht nur die Chance, entscheidende Zusatzinformationen zu erhalten, sondern wecken zudem mehr Interesse auf der Gegenseite. Sie sind dann nicht mehr eine oder einer unter vielen Bewerbern. Des Weiteren können Sie später schon in der Betreffzeile Ihres Anschreibens (oder Ihrer E-Mail) auf ein geführtes

Telefonat verweisen. Dies fördert zusätzlich die Bereitschaft, sich mit Ihren Unterlagen näher zu beschäftigen.

Das Telefonat beginnt wieder: Sie sind im Besitz eines Namens und können Ihren Ansprechpartner direkt verlangen:

> *„Schönen guten Tag, mein Name ist .... Ich möchte bitte Frau Sabine Muster sprechen."*

Es ist im Übrigen nicht erforderlich, einer Telefonzentrale oder irgendeinem zuarbeitenden Beschäftigten gleich auf die Nase zu binden, woher Sie den Namen haben. Falls dies doch von Interesse sein sollte, wird man sich schon melden. Dann bietet sich Folgendes an:

> *„Ich möchte mich gerne bei Ihrem Unternehmen bewerben. Frau Muster wurde mir von Herrn/Frau XY als meine zuständige Ansprechpartnerin genannt."*

Wenn Sie endlich verbunden sind:

> *„Schönen guten Tag Frau Muster, mein Name ist .... Schön, dass ich Sie gleich erreiche. Herr/Frau XY war so freundlich, mir Ihren Namen zu nennen. Ich würde mich sehr gerne bei Ihnen als .... (alternativ: für den Bereich ....) bewerben. Wäre dies momentan sinnvoll?"*

Alles Weitere wie Situation 1 ...

Bei dieser zweiten Ausgangssituation werden Sie eine deutlich höhere Erfolgsquote erzielen. Können Sie sich auf Dritte beziehen, ist das immer eine angenehme Angelegenheit. Ihr Gegenüber wird sich eher bereit erklären, Ihnen wertvolle Auskünfte zu erteilen. Das erhöht Ihre Effektivität (und vor allem Ihre Quote) immens.

Situation 3: Sie haben den Namen des Ansprechpartners lediglich recherchiert

Hier haben Sie während Ihrer Recherche einen Namen im Internet, in einem ‚unpassenden Stelleninserat' oder anderswo entdeckt. Ihnen liegt jetzt zwar ein potenzieller Ansprechpartner vor, sicher können Sie sich jedoch nicht sein. Zudem ist die Nennung einer Referenz nicht möglich. Deshalb gibt es auch in diesem Fall keinen Grund, von einer kurzen Kontaktaufnahme abzusehen. Zudem liegt Ihnen auch hier keine Zusage aus erster Hand für Ihre Bewerbung vor. Das gilt ebenso für den richtigen Bewerbungszeitpunkt.

Sie haben wieder eine allgemeingültige Nummer gewählt: Setzen Sie erst einmal voraus, dass der Name stimmt:

> *„Schönen guten Tag, mein Name ist .... Ich möchte bitte Frau Sabine Muster sprechen."*

Falls nach dem Anlass gefragt wird:

> *„Ich möchte mich gerne bei Ihrem Unternehmen bewerben. Frau Muster müsste meine richtige Ansprechpartnerin sein."*

Wenn Sie dann verbunden sind, geht es weiter:

> *„Schönen guten Tag Frau Muster, mein Name ist .... Schön, dass ich Sie gleich erreiche. Ich würde mich sehr gerne bei Ihnen als ....*
> *(alternativ: für den Bereich ....) bewerben. Wäre dies momentan sinnvoll?"*

Alles Weitere wie Situation 1 ...

Falls Sie sich unsicher fühlen sollten, legen Sie einfach diese Seiten neben Ihr Telefon und lesen anfänglich davon ab. Ich versichere Ihnen, dies wird Ihrem Gesprächspartner nicht weiter auffallen. Alternativ können Sie auch auf einem separaten Blatt Folgendes tun:

Erstellen Sie sich einen ausformulierten Spickzettel.

Schon nach wenigen Telefonaten werden Sie Ihren Spickzettel nicht mehr benötigen. Natürlich können Sie auch die bisher vorgestellten Texte auf Ihren natürlichen Sprachgebrauch und Ihre spezifische Situation hin leicht modifizieren. Dabei empfehle ich Ihnen jedoch ausdrücklich, auf die Einfachheit und Kürze des Textes zu achten.

Wahrscheinlich werden viele Leserinnen und Leser die vorgestellten Texte als zu wenig anspruchsvoll empfinden oder sogar als banal. Mir ist durchaus bewusst, dass insbesondere gestandene Persönlichkeiten den Wunsch haben, komplexer zu kommunizieren. Ich rate Ihnen aber dringend davon ab – unterschätzen Sie die Wirkung von einfachen Satzstrukturen nicht. Zwei bis drei, fast trivial wirkende Sätze haben bisher die besten Erfolgsquoten erzielt.

Darüber hinaus haben Sie sicher bemerkt, dass immer wieder ähnliche Formulierungen verwendet werden. Die Texte unterscheiden sich nur unwesentlich. Diese Tatsache ist sehr wichtig für Sie. Es ist ein weiteres maßgebliches Kriterium für erfolgreiche Erstgespräche. Falls Sie sich daran halten, konsequent die gleichen Textmodule einzusetzen, werden Sie etwas sehr Erstaunliches erleben:

Wenn Sie immer wieder die gleichen Formulierungen verwenden, werden Sie immer wieder mit denselben Gegenfragen und Reaktionen konfrontiert.

Sicher ist so mancher auch über diese Aussage verwundert. Machen Sie selbst Ihre Erfahrungen. Sie werden mir danach zustimmen, dass sich der Einfallsreichtum Ihrer Gegenüber bezüglich möglicher Reaktionen in einer übersichtlichen Bandbreite bewegt. Nach nur wenigen Tagen des Telefonierens werden Sie, trotz unterschiedlicher Gesprächspartner, den Verlauf des Telefonats schon im Voraus erahnen können. Mögliche Argumente werden Sie dann aus dem Handgelenk schütteln. Eine deutliche Erhöhung Ihrer Souveränität und vor allem Ihrer Spontanität wird die Folge sein. So verbessert sich Ihre Erfolgsquote rasant.

Praxisbeispiel:

Ich coachte einen Speditionskaufmann. Sein gegenwärtiger Vorgesetzter war mit seiner Aufgabe überfordert. Die daraus entstandenen

Probleme führten zu einer unangenehmen, negativen Arbeitsatmosphäre, zu chaotischen Arbeitsabläufen und zu einer zeitlichen Mehrbelastung meines Kunden. Daraus resultierten nicht hinnehmbare Arbeitsbedingungen. Die Suche nach einer beruflichen Alternative war damit notwendig.

Die erste ‚Hausaufgabe' des Speditionskaufmanns bestand darin, zunächst vierzig Speditionen inklusive Telefonnummern zu recherchieren, zu denen er gerne wechseln würde. Dies tat er.

Als wir etwas später wieder zusammensaßen, wollte er mit mir gemeinsam die zu erstellenden Anschreiben bzw. Bewerbungsunterlagen besprechen. Ich machte ihm den Vorschlag, doch erst einmal die Unternehmen anzurufen und zu erfragen, ob es überhaupt sinnvoll sei, sich zu bewerben. Er stimmte zu. Allerdings traute er sich nicht recht, den Hörer in die Hand zu nehmen. Daraufhin bot ich ihm an, die ersten Gespräche für ihn zu übernehmen. Erleichtert stimmte er zu.

Die ersten Anrufe verliefen ohne Ergebnis. Schließlich war ein großer und bekannter Arbeitgeber in unserer Region an der Reihe. Ich ließ mich verbinden und hatte ausnahmsweise den richtigen Ansprechpartner direkt in der Leitung. Auf meine Frage hin, ob es für meinen Kunden ratsam sei, sich zu bewerben, antwortete er mir: „Das ist wirklich nett, dass Sie im Vorfeld fragen. Ich muss Ihnen allerdings gestehen, dass wir momentan keine Initiativbewerbungen sichten können. Wir versehen sie mit unseren üblichen Absage-Standardanschreiben und senden sie umgehend an die Absender zurück. Aber ich gebe Ihnen einen Tipp. Ich plane derzeit, zwei neue kaufmännische Positionen zu schaffen. Das Ganze ist jedoch noch nicht spruchreif. Rufen Sie mich doch in ein paar Wochen wieder an."

Ich notierte mir die korrekte Schreibweise seines Namens, den Gesprächsinhalt und trug den ‚Wieder-Anruf-Termin' in meinen Terminkalender ein.

Ich rief ihn nach vier Wochen wieder an. Er wusste mit meinem Namen sofort etwas anzufangen. Erstaunlich, es war schließlich einige Zeit vergangen. Wir kannten uns nicht und das damalige Telefonat hatte nur wenige Minuten gedauert. Und dieser Mann hat sicherlich genügend

Dieter L. Schmich

andere Anrufe am Tag zu führen. Dies zeigt, dass dieser Weg der Kontaktaufnahme durchaus Eindruck macht – sonst wäre ich wohl nicht noch so präsent gewesen.

Mein Gesprächspartner sagte, dass es tatsächlich so weit sei und die erwähnten Arbeitsstellen nun besetzt würden. Er sagte, er wolle meinen Kunden gerne einmal kennenlernen. Es wurde sofort ein Vorstellungstermin vereinbart. Im Anschluss an unser Telefonat übersandte ich ihm die Bewerbungsunterlagen per E-Mail.

Ich selbst beobachtete permanent veröffentlichte Stellenangebote. Die beiden Positionen, für die mein Kunde bereits einen Vorstellungstermin in der Tasche hatte, tauchten weder in Tageszeitungen oder auf der Homepage noch in sonstigen Jobbörsen auf. Zwei Wochen später hatte mein Kunde den Job.

Die zweite Stelle wurde vermutlich ebenso aufgrund Insiderinformationen vergeben.

Dies ist ein Beispiel unter vielen, wie schnell Arbeitsplätze besetzt werden, ohne dass das Gros der Jobsuchenden je davon erfährt. Hätten wir im Vorfeld auf das Telefonieren verzichtet und ungefragt eine Initiativbewerbung versendet, wäre mein Kunde nicht zum Zuge gekommen.

Im Übrigen müssen Sie Ihre erhaltenen Informationen dokumentieren. Sie werden bemerken, dass Sie bereits nach wenigen Gesprächen Gefahr laufen, einige Auskünfte miteinander zu verwechseln. Schnell weiß man nicht mehr, welche Gesprächspartner was gesagt haben und mit wem man welche Vereinbarungen getroffen hat. Deshalb sehen Sie im Folgenden ein Musterformular, das Sie während des Telefonierens einsetzen können.

Kopieren Sie sich die Seite und vergrößern diese gleichzeitig auf ein A4-Format. Legen Sie sich einen Stoß neben das Telefon (neben dem Spickzettel) und heften Sie danach die gemachten Notizen entsprechend Ihres Wiedervorlagesystems ab.

Jobsuche

Wiedervorlage am: .... Datum: ....

Firmenbezeichnung: ....

Straße, PLZ, Ort: ....

Telefonnummer: ....

Gesprochen mit: ....

Zuständiger Ansprechpartner: ....

Abteilung: ....

Telefondurchwahl: ....

Direkte E-Mail-Adresse: ....

Bewerbung per E-Mail oder Post? ....

Gesprächsinhalt:

....
....
....
....
....
....
....
....
....
....

Mögliche Anforderungen/Beschreibung der zu besetzenden Position:

....
....
....
....
....
....
....
....
....
....
....
....

Dieter L. Schmich

2.2.2 E-Mail

Falls Sie nicht genügend Zeit zum Telefonieren haben, können Sie auch E-Mails für Ihre Kurzanfragen einsetzen. Beachten Sie jedoch, dass es Branchen und Tätigkeitsbereiche gibt (z.b. Sozialer Bereich, Handwerk, Einzelhandel), in denen der Austausch per E-Mail noch immer nicht selbstverständlich ist. In diesen Fällen verzichten Sie einfach darauf und beschränken sich auf die Anfragevarianten per Telefon oder durch den Besuch vor Ort (dazu später mehr).

Praxisbeispiel:

Ich coachte einen jungen Mann, der als Krankengymnast in einer kleinen Praxis tätig war. Der Inhaber war nicht in der Lage, ausreichend Kunden zu akquirieren. Die daraus resultierenden finanziellen Probleme wälzte er auf seine Angestellten ab. Er forderte, dass Überstunden unentgeltlich zu leisten seien. Zusätzlich schaffte er den Firmen-Pkw ab, was zur Folge hatte, dass bei geschäftlichen Besorgungen die Privat-Pkws seiner Angestellten genutzt werden sollten – ebenfalls unentgeltlich. Da keine Verbesserung der beruflichen Fähigkeiten seines Chefs zu erwarten war und weitere betriebswirtschaftliche Probleme absehbar waren, musste er sich nach einem Arbeitgeber umsehen, der über unternehmerisches Talent verfügte.

Ich gab meinem Kunden den Ratschlag, erst einmal in einem bestimmten Radius um seinen Wohnort herum alle Therapieeinrichtungen zu recherchieren, die eventuell Krankengymnasten einstellen könnten.

Er war sehr motiviert und machte sich konzentriert an die Arbeit. Nach gut einer Woche täglicher Recherchearbeit hatte er etwa 300 Praxen herausgefunden. Nun wurden sie alle kontaktiert. Wenn möglich per Telefon, ansonsten suchte der Bewerber einen Teil ohne Vorankündigung auf. Alle Einrichtungen, die über eine eigene Homepage verfügten, wurden per E-Mail angesprochen. Grundsätzlich fragte er nur nach, ob eine Bewerbung sinnvoll sei. Für diese Kurzanfragen brauchte er noch einmal drei Wochen. Er konnte nur zirka 50 Prozent aller Einrichtungen erreichen. Entweder traf er niemanden an oder seine Mails wurden nicht beantwortet. Diese vermeintlich schlechte Quote nahm er gelassen hin, schließlich hatte er genügend potenzielle Arbeitgeber auf seiner Liste. So gab es genug Alternativen.

Durch diese Art der Informationsbeschaffung erfuhr der junge Mann, dass acht Stellen zu einem späteren Zeitpunkt vakant werden würden. Sie sollten, laut den Aussagen der jeweiligen Praxisinhaber, in den darauf folgenden sechs Monaten geschaffen oder neu besetzt werden.

Zudem wurde meinem Kunden mitgeteilt, wann der geeignete Zeitpunkt für eine Bewerbung sein würde. Das waren echte Insiderinformationen! Noch viel erfreulicher war, dass er sich bei fünf Praxen sofort persönlich vorstellen konnte, und dies, ohne zuvor seine Bewerbungsunterlagen versandt zu haben. Nach diesen fünf Vorstellungsgesprächen erhielt er zwei Zusagen für einige Tage Probearbeit. Jedoch musste mein Kunde diese Angebote nicht annehmen. Zuvor erhielt er nämlich von zwölf anderen Praxisinhabern die Aufforderung, seine Unterlagen einzusenden. Daraus ergab sich ein glücklicher Zufall (wie so oft, wenn man sehr aktiv ist). Einer der Adressaten informierte eine kooperierende Einrichtung, dass der Krankengymnast gerade eine Anstellung suchte. Und genau diese Praxis stellte den jungen Mann ein!

Darüber hinaus erhielt er noch weitere Zusagen, die er erst einmal dankend ablehnen konnte. Da die Wochenarbeitszeit seines neuen Jobs nur 30 Stunden betrug, entschloss er sich aber später, diejenigen Praxisinhaber, bei welchen er Arbeitsangebote erhalten hatte, noch einmal anzusprechen. Mein Kunde nutzte seine im Vorfeld erarbeiteten Referenzen. Er fragte nach, ob die Möglichkeit bestehe, ein paar Stunden pro Woche zusätzlich dort zu arbeiten. Mit einem der Praxisinhaber wurde er schnell einig und es wurde ein recht lukrativer Stundensatz vereinbart. Der junge Mann hatte nun zusätzlich einen Minijob angenommen.

Aus zirka 300 Kurzanfragen ergaben sich also zwei Jobs. Keine dieser beiden Stellen war je als Stellenangebot in der Zeitung oder im Internet erschienen.

Grundsätzlich müssen Sie bei E-Mails das gleiche Grundmuster wie beim Telefonieren anwenden. Es gilt jedoch, einer Versuchung unbedingt zu widerstehen. E-Mails verleiten schnell dazu, zu viel zu schreiben. Manche verspüren sogar den Drang, sofort Bewerbungsunterlagen als Datei mit anzuhängen. Widerstehen Sie bitte dieser Versuchung. Wie gesagt, Sie sind noch nicht in der Bewerbungsphase. Zumindest für den allerersten Kontakt rate ich Ihnen dringend, weiterhin bei der minimalistischen Vorgehensweise zu bleiben. Bedenken Sie bitte, dass Sie aus der Sicht des Empfängers eine fremde Person sind. Die Beschäftigten, die Ihre Nachrichten lesen, haben nicht nur einen Arbeitsalltag zu meistern, sondern sie werden wahrscheinlich tagtäglich mit unzähligen E-Mails bombardiert. Sicher wird man nicht begeistert sein, zu lange Nachrichten von unbekannten Absendern sichten zu müssen.

Zudem liegen Ihnen aus der Recherchephase oft nur allgemeingültige „info@-Adressen" vor. Vielleicht haben Sie diese aus dem Impressum einer Homepage entnommen. Rechnen Sie damit, dass unter solchen E-Mail-Adressen täglich hunderte (meist unnötige) Nachrichten eingehen.

Machen Sie es den Mitarbeitern, die eine Masse von E-Mails abzuarbeiten haben, so einfach wie möglich. Wenn Sie maximal zwei bis drei eindeutige Sätze verwenden, stellen Sie sicher, dass Ihr Gegenüber innerhalb von Sekunden entscheiden kann, ob er Ihre Nachricht an den für Sie zuständigen Ansprechpartner weiterleiten oder Ihnen sofort dessen Namen nennen möchte. Dies sind schließlich Ihre wichtigsten Ziele in der Phase der Kurzanfragen.

> **Sie halten sich bitte mit Ihrem Bewerbungswunsch solange zurück, bis Sie den Namen Ihres Ansprechpartners kennen.**

Im Übrigen stellen Dateianhänge ein Virenrisiko dar. Solche E-Mails werden von EDV-Systemen der Arbeitgeberseite, zumindest bei unbekannten Absendern, manchmal blockiert. Hängen Sie daher Ihrer ersten Nachricht niemals eine Datei an. Zudem sollten Sie die Funktion „Signatur" (Absender) bei Ihrem E-Mail-Anbieter aktivieren. Dadurch wirkt Ihr Text nicht zu anonym. Und noch ein Tipp:

Tragen Sie in die Betreffzeile nur den Begriff „Anfrage" ein.

Also auf gar keinen Fall „Bewerbung" oder Ähnliches schreiben. Dies erhöht maßgeblich Ihre Erfolgsquote. So werden Sie nicht mit den Nervensägen verwechselt, die permanent und ungebeten Gott und die Welt mit ihren Blindbewerbungen per E-Mail belästigen. Sie hingegen verfügen über gute Manieren und klären im Vorfeld erst einmal höflich ab, ob Ihre Unterlagen überhaupt erwünscht sind.

Ich schlage Ihnen jetzt wieder konkrete Formulierungen für Ihren Text vor. Um Wiederholungen zu vermeiden, werde ich die Vorschläge nicht weiter kommentieren. Die jeweils zugrunde liegenden Ausgangssituationen sind mit denen des Telefonierens identisch.

Situation 1: Ihnen liegt vom Arbeitgeber lediglich eine allgemeingültige E-Mail-Adresse vor

Sehr geehrte Damen und Herren,

gerne würde ich mich bei Ihrem Unternehmen als .... (alternativ: für den Bereich ....) bewerben. Wäre dies momentan sinnvoll und könnten Sie mir gegebenenfalls einen Ansprechpartner nennen? Herzlichen Dank im Voraus.

Mit freundlichen Grüßen

Max Musterfrau

Situation 2: Ihnen wurde ein Ansprechpartner inkl. E-Mail-Adresse namentlich empfohlen

Sehr geehrte Frau Muster,

Frau XY war so freundlich, mir Ihren Namen zu nennen. Sie hat mir empfohlen, mich vertrauensvoll an Sie zu wenden. Sehr gerne würde ich mich bei Ihnen als .... (alternativ: für den Bereich ....) bewerben. Wäre dies momentan sinnvoll und falls ja, welche weitere Vorgehensweise bevorzugen Sie?

Situation 3: Sie haben den Namen des Ansprechpartners inklusive E-Mail-Adresse lediglich recherchiert

Sehr geehrte Frau Muster,

sehr gerne würde ich mich bei Ihnen als .... (alternativ: für den Bereich ....) bewerben.

Wäre das momentan sinnvoll und falls ja, welche weitere Vorgehensweise bevorzugen Sie?

Textmodule für den sich anschließenden E-Mail-Verkehr

Ein Nachteil von E-Mails ist die fehlende persönliche Komponente. Des Weiteren erhalten Sie vom Gegenüber nur häppchenweise wichtige Informationen. Das ist allerdings nicht weiter tragisch. Durch den Austausch mehrerer Nachrichten können Sie dieses Manko kompensieren. Sie sollten daher immer das Ziel verfolgen, mehrere E-Mails mit der zuständigen Person auszutauschen. Dies ist ein zusätzliches Argument für knappe Texte. Falls Sie sich entsprechend kurz halten, entstehen nicht nur automatisch Rückfragen, sondern Sie wecken zudem Neugierde.

> **Je mehr E-Mails Sie mit einer Person wechseln, umso höher ist die Wahrscheinlichkeit, dass man sich an Sie erinnert.**

Nachdem Sie ein erstes Feedback auf Ihre Kurzanfragen erhalten haben, können Sie für den sich anschließenden E-Mail-Verkehr folgende (teilweise bekannten) Formulierungen einsetzen:

... herzlichen Dank für das schnelle Feedback. Sind für meine Bewerbungsunterlagen spezielle Vorgaben Ihrerseits zu beachten?

... zunächst danke schön für die freundlichen Worte. Wünschen Sie meine Bewerbungsunterlagen per Post oder per E-Mail?

... könnten Sie vielleicht noch die wichtigsten Anforderungen für die erwähnte freie Stelle nennen?

... zunächst herzlichen Dank für die Nennung meines Ansprechpartners. Ich werde meine Unterlagen schnellstmöglich per E-Mail senden. Könnten Sie mir bitte noch die E-Mail-Adresse von Frau (Herrn) .... nennen?

... zunächst danke schön für die prompte Antwort und die Nennung des zuständigen Ansprechpartners. Gerne werde ich Frau (Herrn) .... meine Unterlagen zukommen lassen. Ist Frau (Herr) .... auch telefonisch erreichbar?

... herzlichen Dank für Ihre Antwort. Ist es sinnvoll, sich zu einem späteren Zeitpunkt wieder zu melden?

... dennoch herzlichen Dank für die Information. Darf ich Ihnen noch eine letzte Frage stellen? Haben Sie vielleicht einen Tipp, bei welchen Unternehmen ich noch anfragen könnte?

Im Übrigen sind E-Mails sehr zeitsparend. Sie können im Vergleich zu Telefonaten in der gleichen Zeit sicher ein Vielfaches an Kurzanfragen durchführen. Das Ganze relativiert sich allerdings recht schnell, da die Gesamtquote schlechter ausfällt. Zudem gilt:

Bis zu 50 Prozent aller E-Mails können unbeantwortet bleiben.

Aufgrund dessen ist die durchschnittliche Rate, wie viele Zusagen Sie für Bewerbungen erhalten, etwas geringer als beim Telefonieren. Der Grund hierfür ist, dass manche Mitarbeiter auf der Empfängerseite nicht bereit sind, sich kurz Gedanken zu machen, wer zuständig sein könnte. Sie haben einfach keine Lust, sich mit Ihren Anfragen zu beschäftigen. Man reagiert dann überhaupt nicht auf Ihre Kurzanfragen. Bei E-Mails ist dies natürlich besonders einfach möglich. Dies sind dann diejenigen Feedbacks, auf die Sie vergeblich warten. Aber auch darüber können Sie gelassen hinwegsehen. Waren Sie bei der Recherchearbeit entsprechend fleißig, können Sie genug Anfragen versenden. Die dadurch erhaltenen Insiderinformationen sind mehr als ausreichend, um schnell Ihren neuen besseren Job zu finden. Vielleicht sind Sie ja zu einem späteren Zeitpunkt wieder bereit, diejenigen E-Mails, auf die Sie keine Reaktion erhielten, erneut zu versenden. Auch Arbeitgebern sollte man eine zweite Chance geben.

Summa summarum liegt auch bei den Kurzanfragen per E-Mail der Schlüssel für den Erfolg in der Kürze sowie der nüchternen Akzeptanz einer bestimmten Durchschnittsquote. Ist Ihre Schlagzahl hoch genug, wird Ihnen für eine erfolgreiche Jobsuche schon ein geringer Prozentsatz positiver Feedbacks genügen. Allerdings gibt es auch Fälle, in denen Kurzanfragen direkt vor Ort sinnvoller sind.

2.2.3 Direktkontakt

Leider ist diese persönliche Variante auch die zeitintensivste. Wie ich bereits sagte, müssen Sie grundsätzlich auf die Effektivität Ihres Engagements achten. Schließlich möchten Sie so viele Arbeitgeber wie möglich ‚abarbeiten‘. Demnach sollten Sie den Direktkontakt vor Ort nur dann anwenden, wenn Sie die Chance haben, auf engem Raum so viele Arbeitgeber wie möglich anzutreffen.

Eine hervorragende Gelegenheit für eine persönliche Kontaktaufnahme sind Messen oder ähnliche Anlässe, bei welchen Sie gleichzeitig auf viele Mitarbeiter und Entscheidungsträger von Unternehmen stoßen. Aber auch vor Ort können Firmen persönlich besucht werden. Damit betrifft dieses Kapitel zwei Varianten:

1. **Messen und sonstige öffentliche Veranstaltungen**

2. **Firmensitz des Arbeitgebers**

Messen und öffentliche Veranstaltungen

Vergessen Sie bitte auch hier nicht, dass Sie sich an dieser Stelle Ihrer Bemühungen noch nicht in der Bewerbungsphase befinden. Es ist nicht erforderlich, sich im Übermaß ‚zu verkaufen‘, voreilig die Zusage für einen neuen Job anzustreben oder sich sogar anzubiedern.

Sie möchten lediglich verdeckte Positionen aufspüren oder Namen von Ansprechpartnern herausfinden. Es gibt keinen Anlass, sich unnötig unter Druck zu setzen, nervös zu sein oder sich die ganze Sache komplizierter vorzustellen, als sie ist. Im Allgemeinen werden Sie es mit freundlichen Reaktionen zu tun bekommen. Es ist in erster Linie nicht entscheidend, wie gut Sie dies machen, sondern es geht darum, dass Sie es überhaupt tun. Das Ziel ist mindestens der Erhalt eines Namens, einer Visitenkarte, einer Telefonnummer oder einer E-Mail-Adresse.

Für Gelegenheiten, bei denen Sie auf Arbeitgeber bzw. auf deren Mitarbeiter treffen, ist es ratsam, Nachstehendes zu beachten:

- **Möchten Sie jemanden ansprechen, suchen Sie zunächst den Augenkontakt und gehen dann mit einem Lächeln auf ihn zu.**

- **Ziehen Sie Ihre Schultern leicht nach hinten und achten Sie auf eine aufrechte Körperhaltung.**

- **Schauen Sie während des Gesprächs immer wieder gelassen in die Augen Ihres Gegenübers (bitte kein Starren!).**

- **Ihr Outfit sollte dem Kleidungsstandard entsprechen, der im angestrebten Berufsalltag üblich ist.**

- **Geben Sie erst dann die Hand, wenn Ihnen der Händedruck angeboten wird.**

- **Lassen Sie Ihren Gesprächspartner grundsätzlich aussprechen. Auch dann, wenn er sich eher profiliert, als sich für Sie zu interessieren (Sie werden auch auf Wichtigtuer treffen).**

- **Im Anschluss an das Gespräch sollten Sie sich die wichtigsten Informationen notieren (beispielsweise auf der Rückseite von Visitenkarten).**

Obwohl viele Leserinnen und Leser dahingehend keine Tipps benötigen, mache ich dennoch immer wieder die Erfahrung, dass einige einen viel zu großen Aufwand betreiben. Deshalb stelle ich Ihnen wieder ein paar Formulierungen vor. Diese sollen Sie daran erinnern, sich auf kurze und einfache Fragestellungen zu reduzieren.

„Ich suche eine Tätigkeit als .... und würde mich sehr gerne bei Ihrem Unternehmen bewerben. Denken Sie, dass das momentan sinnvoll ist und können Sie mir gegebenenfalls einen Ansprechpartner nennen?"

„Ich bin .... von Beruf und suche gerade eine neue Herausforderung im Bereich .... Denken Sie, dass es momentan sinnvoll ist, sich auch bei Ihrem Unternehmen zu bewerben?"

„Wie kann ich herausfinden, wer in Ihrem Haus für mich zuständig ist?"

„Zu welcher Vorgehensweise würden Sie bei einer Bewerbung raten?"

„Haben Sie vielleicht eine Idee, welche weiteren Unternehmen für mich interessant sein könnten?"

„Ich möchte mich sehr herzlich für das Gespräch bedanken. Haben Sie vielleicht eine Visitenkarte für mich?"

„Vielen Dank für das Gespräch. Das hat mir sehr weitergeholfen. Falls ich noch Fragen habe, darf ich Sie nochmals kontaktieren? Bevorzugen Sie E-Mail oder eher Telefon?"

„Das Gespräch war für mich sehr interessant. Darf ich wieder auf Sie zukommen, falls ich noch Fragen habe?"

„Die Informationen haben mir sehr weitergeholfen. Haben Sie vielleicht eine Infobroschüre oder Ähnliches für mich? Sind darin Ihre Kontaktdaten enthalten?"

Haben Sie ruhig den Mut, sich auf wenige Fragen zu konzentrieren. Je mehr Ihr Gegenüber redet und je weniger Sie sprechen, umso informativer und einfacher ist für Sie die Unterhaltung.

Falls Sie es derzeit nicht gewohnt sind, unbekannte Menschen anzusprechen, können Sie auch hier durchaus einen Spickzettel verwenden. In unbeobachteten Augenblicken werfen Sie immer wieder mal einen Blick darauf. Auf der nächsten Seite sehen Sie wieder eine Kopiervorlage: Sie können diese auf A4 vergrößern, mit eigenen Ideen ergänzen und zum entsprechenden Anlass einfach mitnehmen.

**Lächeln und in die Augen schauen
Aufrechte Körperhaltung
Erst dann die Hand geben, wenn Sie angeboten wird
Keine übertriebene Höflichkeit oder gar Unterwürfigkeit
Nur auf Fragen konzentrieren und Gesprächspartner aussprechen lassen
Visitenkarte, Telefonnummer oder E-Mail-Adresse mitnehmen
Gesprächspunkte notieren (Rückseite Visitenkarte)**

„Ihr Unternehmen macht auf mich einen hochinteressanten Eindruck. Wie kann ich nähere Informationen erhalten?"

„Ich suche eine Tätigkeit als .... und würde mich sehr gerne bei Ihrem Unternehmen bewerben. Denken Sie, dass das momentan sinnvoll ist und können Sie mir gegebenenfalls einen Ansprechpartner nennen?"

„Ich bin .... von Beruf und suche gerade eine neue Herausforderung im Bereich .... Denken Sie, dass es momentan sinnvoll ist, sich auch bei Ihrem Unternehmen zu bewerben?"

„Wie kann ich herausfinden, wer in Ihrem Haus für mich zuständig ist?"

„Zu welcher Vorgehensweise würden Sie bei einer Bewerbung raten?"

„Haben Sie vielleicht eine Idee, welche weiteren Unternehmen für mich interessant sein könnten?"

„Ich möchte mich sehr herzlich für das Gespräch bedanken. Haben Sie vielleicht eine Visitenkarte für mich?"

„Vielen Dank für das Gespräch. Das hat mir sehr weitergeholfen. Falls ich noch Fragen habe, darf ich Sie nochmals kontaktieren? Bevorzugen Sie E-Mail oder eher Telefon?"

„Das Gespräch war für mich sehr interessant. Darf ich wieder auf Sie zukommen, falls ich noch Fragen habe?"

„Die Informationen haben mir sehr weitergeholfen. Haben Sie vielleicht eine Infobroschüre oder Ähnliches für mich? Sind darin Ihre Kontaktdaten enthalten?"

Fragen, die ich zusätzlich stellen möchte:

....
....
....
....
....
....
....
....
....
....
....
....

Grundsätzlich ist es durchaus ausreichend, wenn Sie sich bei Ihren Kurzanfragen ausschließlich auf ein bis zwei Fragestellungen für die Gesprächseröffnung konzentrieren, unabhängig davon, ob Sie das Telefon, E-Mails oder das Gespräch vor Ort bevorzugen. Alle weiteren Gesprächsinhalte werden Sie automatisch bravourös meistern. Vertrauen Sie darauf, dass Sie Ihre „Berufliche Botschaft" spontan kommunizieren können. Dies ist Ihre Garantie, dass Sie in der Lage sein werden, alle fortführenden Fragen Ihres Gegenübers souverän zu beantworten. Ich verspreche Ihnen, Ihre Gesprächspartner werden sich nur für solche Dinge interessieren, die Sie sich bei der Ausarbeitung Ihrer „Beruflichen Botschaft" schon längst durchdacht haben.

Insbesondere beim Besuch von Messen oder im Rahmen unangekündigter Besuche bei Arbeitgebern kann es zweckmäßig sein, einige Bewerbungsmappen mitzuführen, um diese gegebenenfalls zuarbeitenden Mitarbeitern auszuhändigen. Allerdings stellt sich diese Vorgehensweise als eine Gratwanderung dar. Diese Strategie empfehle ich nur dann, wenn Sie sich absolut sicher sind, dass Ihre Unterlagen in seriöse Hände gelangen und Sie zudem ordnungsgemäß weitergeleitet werden. Im Zweifelsfall lassen Sie sich lieber den Namen (bzw. Telefonnummer oder E-Mail-Adresse) des zuständigen Ansprechpartners nennen und versuchen dann zu einem späteren Zeitpunkt, direkt mit ihm Kontakt aufzunehmen.

Grundsätzlich trennen Sie die beiden Aktionen ‚Kurzanfrage' und ‚Bewerbungen' voneinander. So haben Sie immer einen guten Anlass, mit der richtigen Frau oder dem richtigen Mann mehrmals zu kommunizieren. Wie gesagt: Je öfter Sie mit einer Person sprechen, desto höher ist die Wahrscheinlichkeit, dass Sie einen bleibenden Eindruck hinterlassen und man sich wieder an Sie erinnert.

Firmensitz des Arbeitgebers

Es gibt aber auch Fälle, in denen es sich empfiehlt, einen Arbeitgeber an seinem Firmensitz ohne Vorankündigung aufzusuchen.

Jobsuche

Praxisbeispiel:

Eine junge Dame suchte eine neue Anstellung. Sie war gerade als Einzelhandelskauffrau beschäftigt. Auf einer außerordentlich einberufenen Betriebsversammlung wurde der Belegschaft vorgeschlagen, dass alle Gehälter in den kommenden Jahren Schritt für Schritt reduziert werden sollten. Falls die Mitarbeiter sowie der Betriebsrat zustimmten, könne die Unternehmensführung verhindern, dass erhebliche Entlassungsmaßnahmen notwendig würden. Man stimmte zu! Der Arbeitgeber musste also gegen einen seriösen ausgetauscht werden.

Zur gleichen Zeit bemerkte meine Kundin den Neubau eines Lebensmitteldiscounters an ihrem Wohnort. Die dort vermutlich zu besetzenden Stellen interessierten sie natürlich sehr. Die Eröffnung des neuen Marktes sollte drei Monate später stattfinden. Da diese Einzelhandelskette nahezu in jedem Ort präsent war, fragte sie in der Filiale des Nachbarortes nach, ob für die neu zu eröffnende Filiale noch Personal gesucht werde. Man gab ihr die Telefonnummer, die Adresse und den Ansprechpartner in der Firmenzentrale.

Danach rief sie in der nahe gelegenen Firmenzentrale an und trug ihr Anliegen erneut vor. Es entwickelte sich ein angenehmes Telefonat und ihre Gesprächspartnerin, eine Mitarbeiterin des zuständigen Bereichsleiters, erklärte der jungen Frau im Vertrauen, sozusagen von Arbeitnehmerin zu Arbeitnehmerin, dass ihr Chef nur Bewerbungen von Jobsuchenden berücksichtige, die sich persönlich beim Unternehmen meldeten. Stelleninserate gebe er fast nie auf. Sechs Wochen später unterschrieb sie den Arbeitsvertrag.

In diesem Fall war es also zweckmäßig, den Arbeitgeber spontan zu besuchen. Jedoch ist es nicht immer effektiv, Kurzanfragen vor Ort durchzuführen. Damit Sie das Ganze für Ihre spezifische Situation klären können, gibt es eine einfache Grundregel:

> **Je eher ein Arbeitgeber gewohnt ist, dass bei ihm unbekannte Personen (z.B. Kunden) spontan auftauchen, umso erfolgreicher ist eine persönliche Kurzanfrage direkt vor Ort.**

Streben Sie hingegen eine Führungsposition oder eine Branche an, in der Kunden eher selten spontan aufkreuzen, sollten Sie sich auf die Kurzanfragen im Rahmen von Messen, öffentlichen Präsentationen, Infoveranstaltungen oder Ähnlichem beschränken.

2.2.4 Zusammenfassung

Die Kurzanfragen mit dem Telefon, per E-Mail oder als Direktkontakt laufen immer auf zwei grundlegende Formulierungen hinaus:

1. Ist eine Bewerbung in meinem Bereich sinnvoll?

2. Wer ist mein Ansprechpartner?

Sie haben sicher bemerkt, dass Sie niemals direkt nach einer offenen Position fragen. Dennoch werden diese zwei simplen Fragestellungen dazu führen, dass Sie sozusagen automatisch „Verdeckte Stellen" aufspüren. Ebenso verlieren Sie bei den ersten Sätzen Ihrer Kurzanfragen kein Wort darüber, welche Kenntnisse und Fähigkeiten Sie im Speziellen zu bieten haben. Das hat seinen berechtigten Grund:

Bringen Sie den Mut auf, Neugierde zu schüren.

Wenn Sie vermeintlich wichtige Informationen ein wenig zurückhalten, können Sie darauf wetten, dass Ihr Gesprächspartner Sie früher oder später darauf ansprechen wird. Dann können Sie gelassen über Ihre Berufserfahrungen und Stärken sprechen (innerlich triumphierend, dass die erwünschte Gegenfrage tatsächlich gekommen ist).

Im Übrigen sollten Sie sorgfältig abwägen, ob Sie sich schon beim Erstkontakt auf eine eng umrissene Tätigkeit festlegen möchten. Besser wäre es (falls machbar), eine gewisse Bandbreite zu nennen (z.B. kaufmännische Führungsaufgabe, Anstellung im sozialen Bereich oder Tätigkeit im Vertrieb). Es wäre nicht das erste Mal, dass von der Arbeitgeberseite ein interessanter Vorschlag auf Sie zukommt, mit dem Sie im Vorfeld niemals gerechnet hätten.

Summa summarum möchte ich Sie nochmals an die Quotenrechnung erinnern: Wie Sie inzwischen wissen, werden Sie bei allen drei Kontaktvarianten eine Ausfallquote hinzunehmen haben:

Es ist nicht möglich, alle Ansprechpartner zu erreichen oder gar mit allen Menschen erfolgreiche Gespräche zu führen.

Falls Sie dahingehend eine zu hohe Erwartungshaltung haben, müssen Sie diese schnellstmöglich aufgeben. Manchmal haben Sie permanent ‚Treffer', das heißt eine positive Kurzanfrage nach der anderen, um im Anschluss eine Durststrecke durchzustehen. Konzentrieren Sie sich immer auf den Gesamtdurchschnitt aller ‚Treffer' und ‚Neins'. Es ist alles eine Frage der Verhältnisrechnung.

Praxisbeispiel:

Eine Diplom-Betriebswirtin, Frau Z., hatte eine Führungsposition im Rechnungswesen inne. Allerdings wurden in ihrem Unternehmen Rationalisierungsmaßnahmen durchgeführt. Das Arbeitsaufkommen blieb hingegen unverändert. Viele ihrer Mitarbeiter mussten so Mehrarbeit leisten. Das führte logischerweise nicht nur zu einer negativen Stimmung innerhalb der Belegschaft, sondern auch zu einer Verschlechterung der Arbeitsergebnisse. Daraus resultierte die Unzufriedenheit einiger Kunden sowie weitere betriebswirtschaftliche Defizite.

Frau Z. war erfahren genug, um zu wissen, dass sie diese Probleme mit ihrem nun erhöhten Führungsengagement langfristig nicht kompensieren könne. Da die Unternehmensführung uneinsichtig war, entschied sie zu wechseln.

Die Menge an potenziellen Arbeitgebern war enorm. Nahezu jedes Unternehmen einer bestimmten Größenordnung verfügte über ein Rechnungswesen. Daher beschlossen wir zunächst, nur solche Firmen herauszusuchen, die innerhalb der Region ansässig waren. Nach zwei Wochen täglicher Recherche kamen zirka 250 Unternehmen zusammen. Danach wurde per E-Mail oder Telefon Kontakt aufgenommen.

Ich möchte es diesmal kurz machen. Sie erhielt von einigen Unterneh-

men hochinteressante Insiderinformationen über beabsichtigte Perso-naleinstellungen in den folgenden Monaten. Zweitens gaben ihr unge-fähr 30 Unternehmen grünes Licht für die Zusendung ihrer Bewerbungs-unterlagen. Daraufhin folgten zwölf Einladungen zu Vorstellungsge-sprächen. Schließlich entschied sie sich für eine sehr lukrative Position in einem mittelständischen Unternehmen.

Erinnern Sie sich immer wieder daran, dass Sie nur einen geringen Prozentsatz positiver Feedbacks auf Ihre Kurzanfragen benötigen.

Letztendlich reicht Ihnen ein einziger ‚Volltreffer' sogar aus.

Sie werden jedoch weit mehr Treffer erzielen. Haben Sie schließlich die Zusagen für Ihre Bewerbungen in der Tasche, können Sie zur dritten Phase Ihrer Jobsuche übergehen.

2.3 Bewerbungen

Es ist endlich soweit – Sie haben sich lange genug zurückgehalten. Jetzt, in dieser dritten Phase des Ablaufplans für Ihre Jobsuche, kön-nen Sie sich endlich bewerben. Im Gegensatz zu herkömmlichen Be-werbungstechniken verfügen Sie jetzt aber über folgendes, überaus wertvolles Wissen:

- **Die grundsätzliche Zusage, dass Ihre Bewerbung erwünscht ist.**

- **Sie kennen den richtigen Übermittlungsweg sowie den passenden Bewerbungszeitpunkt.**

- **Der zuständige Ansprechpartner ist Ihnen bekannt.**

Darüber hinaus erhielten Sie wahrscheinlich weitere interessante Aus-künfte, die Sie ganz nebenbei während Ihrer Kurzanfragen bekom-men haben. Alles in allem haben Sie sich in eine außerordentlich gute Ausgangsposition gebracht.

1. Sie nerven niemanden mit unerwünschten Unterlagen.

2. Der Arbeitgeber ist vorbereitet und erwartet Ihre Bewerbung.

3. Sie kennen nun auch solche freien Stellen, über die die meisten Bewerber in der Regel nicht informiert sind.

Zudem haben Sie eine große Chance, dass Ihre Bewerbung direkt auf dem richtigen Schreibtisch landet. Sie müssen nicht mehr unter Massen von Bewerbern entdeckt werden und verlieren sich nicht mehr in der Administration von Unternehmen. Vielleicht sind Sie sogar die einzige Kandidatin oder der einzige Kandidat für die Stelle. In der Summe sind Sie jetzt nicht nur über den veröffentlichten, sondern insbesondere auch über den „Verdeckten Stellenmarkt" informiert.

Im Vergleich zur Recherchearbeit und den Kurzanfragen benötigt die Bewerbungsphase den geringsten Zeiteinsatz. Sicher liegen Ihnen Ihr Lebenslauf, Erfahrungsprofil und eine grundlegende Struktur für Ihr Anschreiben schon vor. Sie müssen diese Dokumente nur noch auf die spezifische Bewerbungssituation modifizieren. Mit einer gewissen Routine werden Sie das Ganze recht schnell bewältigen. Und ich verspreche Ihnen, Sie werden in sehr wenigen Tagen in Übung kommen, schließlich erreichen Sie aufgrund Ihres Vier-Wochen-Zeitplans schnell ein Optimum an Routine.

Der vorliegende Band hat nicht Bewerbungsunterlagen, sondern Bewerbungsstrategien zum Thema. Es werden daher hochwertige Unterlagen vorausgesetzt.

Es ist wichtiger denn je, die richtigen Strategien zu verfolgen.

Um jedoch keine Missverständnisse aufkommen zu lassen: Ihre Bewerbungsunterlagen bilden auch heute noch eine wichtige Grundvoraussetzung, sie sind allerdings nicht mehr die alles entscheidende Ursache für Ihre Jobsuche.

Die Leser des ersten Teils der Karriere-Trilogie „Lebenslauf, Anschreiben, Erfahrungsprofil, Arbeitszeugnisse" verfügen wahrscheinlich schon über hochwertige Bewerbungsunterlagen. Diese Gruppe kann nun getrost die nächsten paar Seiten überspringen bzw. lediglich überfliegen.

Für alle anderen gilt: Falls Sie unsicher sind, ob Sie über zeitgemäße Dokumente verfügen, können Sie meine Internetseite www.bewerbungs-center.com nutzen. Dort veröffentliche ich zum kostenfreien Download regelmäßig Beispiele von realen Erfahrungsprofilen, Lebensläufen und Anschreiben.

Zurück zu Ihrer eigentlichen Bewerbungsphase: Jetzt, in dieser dritten Phase Ihrer Jobsuche, geht es nur noch um die Übermittlung Ihrer schriftlichen Bewerbung. Je nachdem, welche Wünsche auf der Arbeitgeberseite bestehen, gibt es dafür drei Möglichkeiten:

1. **Bewerbungsmappe**

2. **Onlinebewerbung**

3. **Persönliche Übergabe**

Starten wir mit der guten alten Bewerbungsmappe.

2.3.1 Bewerbungsmappe

Der Versand von Mappen ist ein Auslaufmodell. Diese Form der Bewerbung wird es in absehbarer Zeit nicht mehr geben. Dennoch gibt es durchaus Unternehmen, Behörden und sonstige Einrichtungen, die diese Variante vergangener Jahre noch wünschen.

Ihre Dateien mit Ihrem Anschreiben, Lebenslauf, Erfahrungsprofil und den Zeugnissen sind also auszudrucken, in eine Bewerbungsmappe einzuheften und per Post zu versenden. Das war es im Prinzip – jedoch sollten Sie dabei auf ein paar Kleinigkeiten achten:

- **Die Mappe sollte exakt dem A4-Format entsprechen. Dadurch können Sie ein passgenaues C4-Kuvert verwenden. Die Unterlagen erreichen den Empfänger in einem besseren Zustand.**

▪ **Teure dreiteilige Mappen zum Aufklappen können verwendet werden. Dies ist allerdings kein Muss, denn sie sind auf der Arbeitgeberseite eher umständlich zu handhaben und erhöhen den Sichtungsaufwand.**

▪ **Stabile A4-Klemmhefter sind ebenbürtig. Falls die Deckseite transparent ist, sind Ihre Unterlagen auf einem vollen Schreibtisch besser auffindbar. Zudem verringern diese den Sichtungsaufwand, weil Ihr Foto und Ihre persönlichen Daten bereits zu sehen sind, ohne dass die Mappe aufgeschlagen werden muss.**

▪ **Um den Umschlag nicht per Hand beschriften zu müssen, sollten Sie Fensterkuverts verwenden. So wirkt Ihre Post ein wenig eleganter (in diesem Fall die kleine Absenderzeile über der Empfängeradresse in Ihrem Anschreiben nicht vergessen).**

Durch den Zwischenschritt, zuerst Kurzanfragen zu stellen, bevor Sie sich bewerben, kennen Sie in der Regel den erwünschten Versandweg (E-Mail, Post oder Bewerbungsportal). Sollten Ihnen diese Informationen einmal nicht vorliegen, müssen Sie leider den Bewerbungsweg per Post wählen. Rechnen Sie vorsichtshalber mit nostalgischen Betriebsabläufen oder unzureichenden PC-Kenntnissen von Mitarbeitern oder Entscheidungsträgern. Ihnen bleibt dann nichts anderes übrig, als die gute, alte Mappe einzusetzen – sicher ist sicher.

2.3.2 Onlinebewerbung

Der Oberbegriff „Onlinebewerbung" umfasst gleich zwei Möglichkeiten der digitalen Übertragung Ihrer Bewerbung:

1. **Der Versand Ihrer Bewerbungsunterlagen per E-Mail.**

2. **Das Eintippen Ihrer Daten in Bewerbungsportalen.**

Onlinebewerbungen per E-Mail

Zum Versand von Bewerbungsunterlagen per E-Mail gibt es leider keine einheitlichen Standards. Allerdings hat sich einiges in der Praxis bewährt.

Sicher wird es für Sie erstaunlich klingen: Erfahrungsgemäß gehen auch heute noch auf der Arbeitgeberseite zahlreiche Onlinebewerbungen ein, die aus technischen Gründen umständlich, mit größtem Aufwand oder überhaupt nicht gesichtet werden können. So werden immer wieder E-Mails versendet, die mit einer Unmenge von Anhängen gespickt sind, weil jedes Zeugnis als einzelne Datei angehängt wurde. Viele Beschäftigte verlieren schon beim Anblick solcher ‚Monster-E-Mails' die Motivation, diese professionell abzuarbeiten.

Ebenso oft gehen exotische Dateiformate ein, die von der Arbeitgeberseite nicht geöffnet werden können. Die betroffenen Bewerber denken, sie hätten sich beworben und wundern sich anschließend, dass sie niemals zu Vorstellungsgesprächen eingeladen werden. Sie kommen gar nicht auf die Idee, dass es nie möglich war, ihre Unterlagen einzusehen.

Die wichtige Anforderung, Dateien ausschließlich im PDF-Format zu übermitteln, wird ebenfalls von einigen Arbeitssuchenden missachtet. Wird darauf verzichtet, kann es durchaus passieren, dass liebevoll formatierte Dokumente auf dem Monitor des Empfängers völlig ‚verrutscht' dargestellt werden. Die Mühe, Unterlagen elegant und professionell gestaltet zu haben, ist dann umsonst gewesen.

Damit Sie von den vorgenannten Negativbeispielen nicht betroffen sind, sollten Sie unbedingt folgende Bedingungen erfüllen:

- **Dateien sind der E-Mail grundsätzlich im PDF-Format anzuhängen.**

- **Arbeitgeber begrenzen die maximale Größe von Datei-Anhängen. Um sicher gehen zu können, dass Ihre E-Mails von der EDV des Unternehmens nicht blockiert werden, sollte die Summe aller angehängten Dateien nicht größer als drei Megabyte sein.**

- **Achten Sie darauf, dass die gewählten Dateinamen logisch auf deren Inhalt verweisen. Darin sollte Ihr Nachname vorkommen. So können auf der Arbeitgeberseite die Dateien Ihnen einfacher zugeordnet bzw. bearbeitet werden.**

- **Ihre kompletten Bewerbungsunterlagen sollten maximal aus einer oder zwei Dateien bestehen.**

Jobsuche

Als gerade noch akzeptable Alternative gelten maximal drei Dateien. Die erste Datei mit Ihrem Anschreiben, die zweite mit Ihrem Lebenslauf/Erfahrungsprofil und die dritte mit Ihren Zeugnissen/Belegen.

Belästigen Sie bitte niemanden mit mehr als drei oder sogar mit einer Vielzahl angehängter Dateien. Sie müssten auf der Empfängerseite alle einzeln geöffnet, gesichtet und in der richtigen Reihenfolge ausgedruckt werden. Fehlerfrei klappt dies bei den heute oft zu beobachtenden konfusen Betriebsabläufen in den wenigsten Fällen.

Darüber hinaus sollten Sie Ihr Anschreiben zusätzlich in das Textfeld Ihrer E-Mail-Eingabemaske kopieren. Doppelt hält besser: So kann der Leser auf der Gegenseite selbst entscheiden, ob er Ihr Anschreiben direkt am Bildschirm lesen oder die PDF-Datei als korrekt formatiertes Dokument ausdrucken möchte. Dies ist besonders dann zu beachten, wenn zuarbeitende Mitarbeiter beauftragt sind, Ihre Bewerbungsunterlagen auszudrucken und weiterzuleiten.

Bewerbungen über Onlinejobportale

Insbesondere bei bekannteren Unternehmen können gewaltige Mengen von Bewerbungen eingehen. Um dieser Datenflut Herr zu werden, haben mittlerweile viele Arbeitgeber Bewerberportale auf ihren Internetpräsenzen eingerichtet. Dadurch können Jobsuchende bequem auf die Homepage der betreffenden Firma abgewimmelt werden. Dort müssen sie dann selbst mühsam und zeitraubend ihre Daten in die Unternehmenssoftware eintippen. Die weitere, interne Bearbeitung dieser Daten geschieht meist ebenfalls durch die EDV. So entstehen auf der Arbeitgeberseite nahezu keine Bearbeitungskosten mehr. Zudem wird dem Kandidaten vorgegaukelt, dass er sich jederzeit bewerben könne. Jedes Unternehmen hat verständlicherweise den Anspruch, sich in seiner Außendarstellung in einem besonders positiven Licht darzustellen. Ich persönlich bezweifle jedoch erheblich, ob die in Bewerberportalen online eingegebenen Daten auch in allen Unternehmen optimal gesichtet bzw. verarbeitet werden.

Dieser Trend, dass Kandidaten darauf verwiesen werden, sich direkt auf den Internetseiten der Firmen online zu bewerben, spielt Ihnen übrigens in die Karten. Die meisten folgen leichtgläubig den jeweiligen Anweisungen und tippen ihre Bewerbung hoffnungsvoll ein. Danach geht das Warten und Bangen los. Sie hingegen sollten versuchen, diesen Weg zu vermeiden. Das heißt, Sie legen wie gewohnt den Zwischenschritt der Kurzanfrage ein. So werden Sie längst mit der richtigen Person kommunizieren, während Nutzer der Onlinebewerbungsportale noch geduldig auf irgendwelche Reaktionen warten.

Praxisbeispiel:

Frau J. entdeckte während ihrer Recherchearbeit eine Anzeige eines internationalen Chemiekonzerns, welche vor acht Wochen erschienen war. Sie war gerade dabei, unpassende Inserate nach passenden Unternehmen zu durchsuchen. Als Chemikantin interessierte sich Frau J. natürlich nicht für die ausgeschriebene Stelle „Buchhalter/in", jedoch für die angegebenen Arbeitgeberdaten. Eine E-Mail-Adresse konnte sie dem Inserat entnehmen.

Frau J. schrieb eine E-Mail und fragte nach, ob eine Bewerbung als Chemikantin sinnvoll sei und wenn ja, welche weitere Vorgehensweise gewünscht wäre. Daraufhin erhielt sie eine sehr kurze Nachricht als Antwort: „Sie können sich jederzeit online auf dem Jobportal unserer Internetseite www.xyzag.de bewerben." Frau J. wollte sich jedoch nicht abwimmeln lassen. Sie vermutete zu Recht, dass dort täglich Hunderte von Bewerbungen eingetippt würden. Schließlich handelte es sich um einen sehr bekannten Großkonzern. Zudem bezweifelte sie, ob ihre Bewerbung jemals gesichtet werden würde.

Sie bedankte sich für die Information und schrieb freundlich zurück, ob es denn speziell für Chemikantinnen einen Ansprechpartner gäbe. Daraufhin erhielt sie eine noch kürzere E-Mail: Sie beinhaltete lediglich den Vor- und Zunamen einer Kollegin – allerdings inklusive der E-Mail-Adresse. Erfreut über diese wertvolle Information, stellte Frau J. der angegebenen Mitarbeiterin nochmals die gleiche Frage, ob eine Bewerbung sinnvoll sein könnte. Noch am selben Tag erhielt sie eine Antwort:

„Gerne können Sie mir Ihre Unterlagen per E-Mail zusenden."

„Geht doch", sagte Frau J. zu sich selbst. Eine Woche später wurde sie zu einem Vorstellungsgespräch eingeladen.

Selbstverständlich will ich Ihnen nicht verschweigen, dass Sie es nicht immer verhindern können, Ihre Daten auf der Internetseite eines Arbeitgebers eingeben zu müssen. Werden Sie dennoch, trotz einer gewissen (freundlichen) Hartnäckigkeit Ihrerseits, auf ein Bewerbungsportal abgeschoben, müssen Sie dies leider hinnehmen, schließlich sollten Sie keine noch so kleine Chance außer Acht lassen. Dabei gibt es wenig zu beachten: Folgen Sie einfach den jeweiligen Anweisungen, die jedoch bei jeder Arbeitgeberseite unterschiedlich sein können.

Grundsätzlich sollten Sie immer bedenken, dass Sie sich im Fall von Onlinemasken nicht mehr so einfach der Konkurrenz mit anderen Bewerbern entziehen können. Es zählen nur Daten und Fakten. Eine denkbar schlechte Ausgangskonstellation. Machen Sie sich deshalb nicht zu viel Hoffnung. Sind Sie mit diesem Bewerbungsweg erfolgreich, ist das dann eine angenehme Überraschung. Falls nicht, haben sie nichts anderes erwartet.

2.3.3 Persönliche Übergabe

Manchmal ist es sinnvoll, direkt beim Arbeitgeber vor Ort Bewerbungsunterlagen abzugeben. Auch hierzu gibt es zwei Varianten:

1. **Sie selbst geben Ihre Unterlagen ab.**
2. **Die Abgabe erfolgt durch einen Empfehlungsgeber.**

Unterlagen persönlich überreichen

Im Kapitel „Kurzanfragen" habe ich beschrieben, bestimmte Arbeitgeber unangekündigt an ihrem Firmensitz zu besuchen. Das heißt, in diesem speziellen Fall haben Sie die Phase der Kurzanfrage schon mit der Übergabe von Bewerbungsunterlagen kombiniert. Was dabei zu beachten ist, habe ich hinlänglich erläutert.

Grundsätzlich sind Kandidaten, die den Mut haben, persönlich bei Arbeitgebern zu erscheinen, gerne gesehen. Sie haben den Ruf, bei einer möglichen Anstellung sich ebenso engagiert, innovativ und zielorientiert zu verhalten.

Wie immer gibt es jedoch eine Kehrseite der Medaille: Falls Sie sich entscheiden, Firmen vor Ort persönlich anzusprechen, wird Ihr Ansprechpartner eher selten in der Lage sein, sich spontan für Sie Zeit zu nehmen. Darüber hinaus ist dieser Bewerbungsweg sehr zeitaufwendig. Das Ganze stellt sich also als Gratwanderung dar: Der hohe zeitliche Aufwand, möglicherweise kilometerweit zu einem potenziellen Arbeitgeber zu fahren, muss also im Einzelfall sorgfältig mit dem zu erwartenden positiven Effekt abgewogen werden.

Abgabe durch einen Empfehlungsgeber

Falls Sie über einen interessanten Kontakt verfügen, der in einem von Ihnen gewünschten Unternehmen tätig ist und deshalb Ihre Unterlagen bei der Personalabteilung persönlich abgeben könnte, wäre dies natürlich eine Idealkonstellation.

Ihre Bewerbung wird dann durch einen Empfehlungsgeber überbracht. Auf diese Weise eingehende Unterlagen werden in der Regel bevorzugt behandelt. Meist gelangen solche Bewerbungen zur Bearbeitung auf einen gesonderten Stapel.

Falls Sie über solche wertvollen Beziehungen verfügen, ist Ihre Referenz unbedingt in Ihrem Bewerbungsschreiben (am besten bereits in der Betreffzeile) anzugeben. Empfehlungsgeber zeichnen sich dadurch aus, dass sie sich namentlich nennen lassen.

Nachdem Sie schließlich Ihre Bewerbungen an Unternehmen übermittelt haben, werden Sie Einladungen zu Vorstellungsgesprächen erhalten. Bevor wir in dieses Thema tiefer einsteigen, fasse ich noch einmal das Wichtigste aus diesem Kapitel zusammen.

2.4 Fazit

Grundsätzlich konzentrieren Sie sich bei der Suche nach Ihrem besseren Job eher auf freie Positionen im „Verdeckten Stellenmarkt". Obwohl Sie währenddessen auch auf Vakanzen stoßen werden, die als Stelleninserate geschaltet und damit für jedermann sichtbar sind, spezialisieren Sie sich doch eher auf öffentlich nicht ausgeschriebene Angebote. So entdecken Sie nicht nur mehr, sondern insbesondere attraktivere Positionen.

Unterdessen wenden Sie eine zweite innovative Technik an: Bevor Sie sich bewerben, legen Sie den Zwischenschritt einer Kurzanfrage ein. Sie sichern sich vorab das Okay für Ihre Bewerbung. Dabei erkundigen Sie sich gleichzeitig, wer Ihr Ansprechpartner ist. Zudem eignen Sie sich zusätzliches Insiderwissen an, wie zum Beispiel Informationen über den richtigen Bewerbungszeitpunkt, die betreffende Stelle selbst sowie über sonstige spezifische Wünsche der Arbeitgeberseite. Bei dieser Vorgehensweise unterscheiden Sie sich ebenfalls erheblich von der Bewerbermasse, die meist planlos und pauschal Arbeitgeber mit ihren Unterlagen zupflastert. Sie hingegen tun dies nicht. Sie gehen kein Risiko ein, dass alles umsonst ist oder Ihre Daten irgendwo im Unternehmen verlorengehen. Sie vergewissern sich vorab, dass Ihre Unterlagen erwünscht sind und in die richtigen Hände gelangen. Sie erstellen und übermitteln also erst dann Bewerbungsunterlagen, wenn Ihr Bewerbungsengagement bei Unternehmen auf eine Nachfrage stößt.

Alles in allem erhöhen Sie so deutlich die Effektivität und damit auch die Geschwindigkeit Ihrer Bewerbungsphase.

> **Das Konzept basiert im Wesentlichen darauf, im Vorfeld Kurzanfragen zu stellen und sich Insiderwissen anzueignen.**

In dem vorgestellten Drei-Phasen-Ablauf „Recherche – Kurzanfragen – Bewerbungen" sind jedoch kausale Zusammenhänge zu beachten:

1. **Durch die Recherche passender Arbeitgeber erarbeiten Sie sich die Voraussetzungen für Kurzanfragen.**

2. **Durch die Kurzanfragen finden Sie mehr offene Stellen, die zudem andere Bewerber nicht oder zu spät entdecken.**

3. **Durch das Zusammenspiel von mehr entdeckten Vakanzen und dem geringeren Wettbewerb mit anderen Jobsuchenden entsteht eine höhere Einladungsquote zu Vorstellungsgesprächen.**

4. **Mehr Vorstellungsgespräche bedeuten mehr Jobangebote.**

Das bedeutet, dass sich eine erfolgreiche Arbeitgeberrecherche auch bei allen weiteren Schritten – bis hin zu den konkreten Jobangeboten – auszahlen wird. Die anfänglich erarbeitete Menge recherchierter Arbeitgeber wird proportional zu der Anzahl Ihrer Vorstellungsgespräche und damit auch zu den konkreten Jobzusagen sein. Damit haben Sie mehr Auswahl!

Im Übrigen ist, neben fachlichen Kriterien, die souveräne und authentische Ausstrahlung des Bewerbers der wichtigste Erfolgsfaktor für Vorstellungsgespräche. Das wird immer dann gegeben sein, wenn einem einzelnen Gesprächstermin subjektiv keine zu große Bedeutung beigemessen wird. Das heißt, wenn eine ausreichend hohe Anzahl von Einladungen bei mehreren Unternehmen realisiert werden kann. Klappt das eine Vorstellungsgespräch nicht, gibt es weitere Chancen, woanders eine Jobzusage zu erhalten:

> **Das Bewusstsein, dass ein Vorstellungsgespräch für Sie nicht mehr existenziell wichtig ist, fördert Ihren Erfolg maßgeblich.**

Im Bewerbungsalltag der meisten Arbeitssuchenden hingegen ist leider der umgekehrte Fall zu beobachten. Bewerber geraten schon beim Gedanken an ein anstehendes Gespräch unter Erfolgsdruck. Angespannte und unglücklich verlaufende Vorstellungsgespräche sind oft die Folge.

Werden solche Situationen näher analysiert, trifft man regelmäßig auf die gleichen Muster und Abläufe: Es werden im Vorfeld zu wenige offene, passende Stellen gefunden. Als Konsequenz daraus ist die Zahl sinnvoller Bewerbungen zu gering. Es erfolgen nur vereinzelt Einladungen zu Vorstellungsgesprächen oder sie bleiben im schlechtesten Fall ganz aus. Wenn dann doch einmal ein einziges Gespräch ansteht, muss diese eine Möglichkeit unbedingt erfolgreich gemeistert werden. Solche Termine nehmen schnell einen existenzgefährdenden Charakter an. Stress entsteht, Bewerber verlieren ihre Lockerheit und die Gefahr des Scheiterns nimmt deutlich zu.

Sie sollten von Anfang an weitsichtiger agieren. Akzeptieren Sie bitte die Tatsache, dass die Gesamtzahl aller Vorstellungsgespräche direkt mit Ihrem Recherchefleiß korreliert. Das heißt, je mehr Arbeitgeber Sie sich durch die hier vorgestellten Recherchetechniken erarbeiten, umso mehr freie Stellen werden Sie entdecken, umso höher ist die Wahrscheinlichkeit, einen beruflichen Volltreffer zu landen. Damit möchte ich an dieser Stelle besonders betonen:

> **Nicht Ihre persönliche Ausgangssituation ist in erster Linie für den Erfolg Ihrer Vorstellungsgespräche maßgeblich, sondern die Intensität Ihrer Recherche- und Kontaktarbeit.**

Diese Aussage bestätigt sich nahezu täglich während meiner Arbeit als Jobcoach. Die Beachtung dieser Zusammenhänge ist sehr wichtig, um maßgebliche Bewerbungserfolge erzielen zu können.

Obwohl die allerbeste Vorbereitung für Vorstellungsgespräche die Erhöhung der Anzahl dergleichen ist, gibt es selbstverständlich noch Weiteres zu beachten.

3 Vorstellungsgespräche

Haben Sie das letzte Kapitel professionell in die Praxis umgesetzt, werden Sie in der äußerst komfortablen Situation sein, über viele Einladungen zu Vorstellungsgesprächen zu verfügen. Zudem ist es wahrscheinlich, dass diese aufgrund Ihres Vier-Wochen-Aktivitätsplans alle in einem engen Zeitfenster liegen. Das macht für Sie die ganze Sache einfacher. Sie haben die Grundlage geschaffen, Ihre Termine bei Personalern erfolgreich und stressfrei zu meistern:

1. **Es gibt Alternativen, das heißt, Sie stehen nicht mehr unter dem Druck, ein einziges Vorstellungsgespräch erfolgreich absolvieren zu müssen.**

2. **Sie müssen keine Zusagen mehr verschleppen, nur weil noch ausstehende Gespräche zu weit in der Zukunft liegen.**

3. **Ihr Fokus wird auf der Prüfung der Arbeitgeber und deren Jobangeboten liegen.**

Dies wird gewährleisten, dass Sie nicht unwillkürlich eine Opferhaltung einnehmen („Hoffentlich mache ich einen guten Eindruck", „Ob ich wohl auf alle Fragen richtig antworte?", „Schaffe ich das alles?").

Stehen Ihnen zahlreiche Vorstellungsgespräche zur Verfügung, ist dies der entscheidende Schlüssel für Ihren Erfolg.

Zu alledem sollten Sie sich an meine Ausführungen zur heutigen Arbeitswelt erinnern: Die Arbeitsbelastung eines jeden Mitarbeiters hat sich sehr erhöht. Das betrifft insbesondere Personaler, Abteilungsleiter, Inhaber etc. Solche Leute können sich immer weniger leisten, unendlich viele Gespräche zu führen. Werden Sie also zu einem Vorstellungsgespräch eingeladen, dann müssen schon handfeste Gründe vorliegen. Offenbar haben Sie bereits das erste Mal überzeugt, sonst würde kein Entscheidungsträger seine knappe Zeit in Sie investieren:

> **Sie sind heute bereits in der engeren Wahl, wenn Sie über die Einladung zu einem Vorstellungsgespräch verfügen.**

Auch dies hat sich zu vergangenen Zeiten erheblich geändert. Während man sich als Personaler vor Jahren noch erlauben konnte, den einen oder anderen Wackelkandidaten anzuhören, ist dies heute immer weniger machbar. Wenn Sie also zu einem Gespräch eingeladen werden, entspricht Ihr fachliches Profil offenbar den Erwartungen auf der Arbeitgeberseite. Schließlich wurden Sie aufgrund Ihrer Aussagen bzw. Ihrer Bewerbungsunterlagen eingeladen. Auch wenn Sie es kaum glauben können: Sie müssen niemanden krampfhaft von sich überzeugen - Sie haben zu diesem Zeitpunkt bereits überzeugt:

> **Sie können sich nur noch um Kopf und Kragen reden.**

Und dies tun im Übrigen die meisten Kandidaten. Zu Beginn des Gesprächs haben sie schon mehr oder weniger den Job in der Tasche und am Ende haben sie sich herausgeredet.

Ich wiederhole mich, weil diese Aussage elementar wichtig ist: Ihr Gegenüber ist bereits von den von Ihnen gelieferten Fakten überzeugt, er muss lediglich prüfen, ob Ihre Angaben der Wahrheit entsprechen. Das heißt, ob Sie vertrauenswürdig sind und Sie zudem in das Team bzw. Unternehmen passen. Im Vorstellungsgespräch stehen daher eher Ihre emotionalen und sozialen Fähigkeiten im Fokus:

> **Es kommt beim Vorstellungsgespräch eher darauf an, wie Sie etwas sagen, als was Sie sagen.**

Selbstverständlich kommt es oft zu Gesprächen, in denen Fachwissen eine zentrale Rolle einnimmt. Für solche Gesprächssequenzen brauchen Sie keine intensive Vorbereitung. Gibt man Ihnen die Gelegenheit, über ein Themengebiet zu sprechen, auf dem Sie sich auskennen, werden Sie ohnehin einen selbstsicheren Eindruck machen. Haben Sie bitte keine Bedenken, dass sich fachliche Defizite offenbaren könnten. Falls dies tatsächlich so ist, können Sie es kurzfristig sowieso nicht ändern. War Ihre Recherchearbeit im Vorfeld erfolgreich, dann werden Sie zu diesem Zeitpunkt noch zu weiteren Vorstellungsgesprächen eingeladen sein. Eines wird bestimmt dazu führen, ausreichende Fachkenntnisse zu bieten.

3.1 Allgemeine Vorbereitungen

Wie bereits erwähnt, besteht die beste Vorbereitung darin, dafür gesorgt zu haben, bei mehreren Firmen über Gesprächstermine zu verfügen. Daneben gibt es Weiteres zu beachten: Seien Sie zum Beispiel darauf gefasst, dass von Ihnen eine kleine Selbstpräsentation erwartet wird. Sie werden garantiert zu Ihren Berufserfahrungen und zu Ihren bisherigen Anstellungen befragt:

> **Üben Sie das freie Vortragen Ihres Lebenslaufs (inklusive aller Zeitangaben) sowie Ihrer „Beruflichen Botschaft".**

Dies ist ein sehr wichtiger Punkt im Rahmen Ihrer Vorbereitungen zu solchen Terminen. Bedenken Sie dabei: Übung macht den Meister!

- **Trainieren Sie im Vorfeld, zum Beispiel durch Rollenspiele mit Fachleuten, Freunden, Kollegen oder mit Ihrer/m Partner/in.**

- **Um in Übung zu kommen, sollten Sie auch solche Vorstellungstermine wahrnehmen, bei denen Sie am Job nicht interessiert sind.**

- **Vermeiden Sie, dass Ihr erstes Gespräch ein entscheidendes Gespräch ist. Erfahrungsgemäß benötigen Sie zwei bis drei Vorstellungsgespräche, bis Sie genug Routine entwickelt haben.**

Dieter L. Schmich

3.1.1 Outfit

Die Auswahl der richtigen Kleidung ist recht simpel. Die Referenz dazu ist das Outfit, das Sie in Ihrem angestrebten Job tragen werden:

Kleiden Sie sich immer eine Nuance besser, als es in dem angestrebten Arbeitsalltag üblich ist.

Wenn man also an einem Arbeitsplatz normalerweise mit einer Kombination aus Stoffhose und Sakko arbeitet, dann erscheinen Sie im Vorstellungsgespräch in einem Anzug. Bei einer Tätigkeit, die in Jeans ausgeübt werden kann, wäre eine Stoffhose oder ein Jackett ausreichend usw. Haben Sie bitte keine Bedenken, overdressed zu sein.

Durch Ihre Kleidung zeigen Sie optisch Ihre Motivation.

Haben Sie sich beispielsweise vertan, und wirken ein wenig zu elegant, ist dies kein Nachteil. Im Gegenteil, es ist eher eine Schmeichelei für Ihr Gegenüber. Desinteressierten Bewerbern würde dies sicher nie passieren.

3.1.2 Mitzuführende Unterlagen

Zum Gespräch nehmen Sie bitte Folgendes mit:

- **Kopie des versendeten Anschreibens, des Erfahrungsprofils und des Lebenslaufs.**

- **Die Einladungs-E-Mail (bzw. das Anschreiben) des Arbeitgebers. Zumindest Notizen mit der Durchwahl, der Abteilung und dem vollständigen Namen Ihres Gesprächspartners.**

- **Eventuell eine Wegbeschreibung (oder das Navi, falls vorhanden).**

- **Vielleicht ein paar Ausdrucke der Internetseite des betreffenden Unternehmens.**

- **Einen Notizblock, auf dem Sie zusätzlich Ihre zu klärenden Fragen an Ihren Gesprächspartner notiert haben.**

Spätestens kurz vor dem Gespräch gehen Sie noch einmal Ihre Unterlagen durch. Dazu haben Sie meist kurz Gelegenheit, wenn Sie im Vorzimmer warten müssen. So rufen Sie sich noch einmal ins Gedächtnis, welche Informationen Ihrem Gesprächspartner vorliegen. Dadurch vermeiden Sie, dass Sie zu Ihren Unterlagen widersprüchliche Aussagen machen und so Misstrauen erzeugen (was bei vielen Bewerbern sehr häufig vorkommt). Gleichzeitig können Sie sich auf das anstehende Gespräch konzentrieren und zur Ruhe kommen.

Rufen Sie sich auch in Erinnerung, dass Sie nur deshalb eingeladen wurden, weil man sich bereits vorstellen kann, Sie einzustellen. Schließlich hat man bereits Ihre Bewerbungsunterlagen mit positivem Ausgang gesichtet:

Sie möchten lediglich den guten Eindruck, den Sie bisher hinterlassen haben, bestätigen.

Und noch einmal: Kein Entscheidungsträger kann sich heute noch leisten, Zeit in Sie zu investieren, wenn er im Vorfeld mit bestimmten Punkten Ihrer Bewerbung nicht einverstanden wäre. Es könnte jetzt nur noch eine Person existieren, die vielleicht mit einigen Fakten in Ihrem Lebenslauf so ihre Probleme haben könnte – nämlich Sie selbst. Lassen Sie Ihre Bedenken zu Hause!

3.1.3 Mögliche Gesprächspartner

Sie werden in die Situation geraten, in der Sie einem Menschen gegenübersitzen, der darüber entscheidet, Ihnen einen Job zu geben oder nicht. Sie sollten zunächst die richtige Einstellung finden. Was für eine Person wird Ihnen wohl begegnen?

In kleinen bis mittelständischen Unternehmen werden Sie es sicherlich mit einer/m Inhaber/in oder Geschäftsführer/in zu tun haben. Solche Leute führen in der Regel seltener Einstellungsgespräche als klassische Personaler. Eine professionelle Gesprächsführung Ihres

Dieter L. Schmich

Gegenübers dürfen Sie in diesem Fall nicht voraussetzen. Aus diesem Grund werden diese Termine anders verlaufen als in einem Großkonzern. In Unternehmen mit eigenständigen Personalabteilungen oder bei solchen, die sich ausschließlich auf Personaldienstleistungen spezialisiert haben, können Sie eher davon ausgehen, dass man die Regeln von Einstellungsgesprächen beherrscht.

Wenn Sie also auf einen routinierten Profi treffen, der solche Unterhaltungen zu führen weiß, wird das Ganze wahrscheinlich professionell und für Sie informativ werden. Ihr Gesprächspartner wird Ihre Nervosität einzuordnen wissen und sein Möglichstes tun, damit alle wichtigen Informationen, die Sie und er benötigen, zur Sprache kommen. Durch eine sinnvolle Gesprächsführung werden Sie sich, aber auch Ihr Gegenüber, ein ausreichendes Bild machen können.

Viel wichtiger ist es, sich darauf vorzubereiten, eben keinem Personalprofi gegenüberzusitzen und damit mit Personen zu sprechen, deren Hauptaufgaben eher aus Leitungs- und Führungsfunktionen bestehen. In diesem Fall wird man mit Ihnen wahrscheinlich das Gespräch so führen, wie man es mit untergeordneten Mitarbeitern tut. Sie sollten damit rechnen, dass Sie jemandem begegnen, der es beruflich gewohnt ist, dass man sich nach ihm richtet. Stellen Sie also diese Hierarchie nicht infrage. Er bzw. sie ist in der besseren Position. Falls Sie Probleme haben, dies zu akzeptieren, kompensieren Sie dieses Gefühl, indem Sie sich bewusst machen, dass Ihr Gegenüber auch nur ein Mensch ist. Mit hoher Wahrscheinlichkeit werden Sie es mit jemandem zu tun bekommen, dem seine berufliche Tätigkeit oder seine Firma über alles geht. Was brauchen solche Personen? Sie brauchen das Gefühl, dass Sie wichtig und überlegen sind. Also, warum geben Sie ihm nicht das, was er so dringend benötigt?

Haben Sie einfach Verständnis – damit können Sie locker und souverän wirken und zugleich Unterwürfigkeit vermeiden. Führen Sie Ihren Gesprächspartner unbemerkt. Lassen Sie ihm sowie seinem Unternehmen einige Male wohldosierte Bewunderung zukommen.

Insbesondere für Großkonzerne, die Markennamen repräsentieren oder Firmeninhaber, die selbst Ihren Betrieb aufgebaut haben, ist es sehr, sehr wichtig, dass Sie etwas am Unternehmen besonders toll finden. Das wird Ihr Gegenüber aufblühen lassen.

Bitte ärgern Sie sich auch nicht, wenn Sie bemerken, dass Ihr Gesprächspartner erst während der Unterhaltung das erste Mal Ihre Bewerbungsunterlagen sichtet. Auch dies kommt immer mal wieder vor. Man hat die Bewerbervorauswahl von zuarbeitenden Mitarbeitern erledigen lassen und ist der Meinung, ohne große Vorbereitung, nur durch Menschenkenntnis und Erfahrung, den richtigen Bewerber herausfinden zu können. Lassen Sie Ihr Gegenüber in dem Glauben. Sprechen Sie ihn auf diese Respektlosigkeit nicht an. Er ist wahrscheinlich zeitlich derart überlastet, dass er ‚zu nichts mehr kommt'. Egal was passiert, haben Sie Verständnis für Ihren Gesprächspartner:

Bleiben Sie unbedingt freundlich und gelassen. Vermeiden Sie übertriebene Höflichkeit oder gar Unterwürfigkeit.

Versuchen Sie dennoch, das Gefühl zu vermitteln, dass Sie die Machtverhältnisse nicht infrage stellen.

3.2 Ablauf des Vorstellungsgesprächs

Ein professioneller Gesprächsablauf sollte folgende Struktur haben:

1. Begrüßung, Small Talk, Vorstellungsrunde
2. Unternehmens- und Tätigkeitsbeschreibung
3. Selbstpräsentation des Bewerbers
4. Fragen des Arbeitgebers
5. Fragen des Bewerbers
6. Gehalt, Vorgehensweise, Verabschiedung

Wie bereits erläutert, dürfen Sie auf keinen Fall davon ausgehen, dass Ihr Gegenüber geübt darin ist, Einstellungsgespräche zu führen. Deshalb ist ein professioneller Ablauf in der Realität leider nicht immer gegeben. Ein weiterer Grund, warum Sie die Gesprächsführung von Entscheidungsträgern nicht überschätzen dürfen, ist folgender:

Aufgrund von Beförderungen, Umstrukturierungen oder Neugründungen kommen einige Angestellte in ihrem beruflichen Alltag schnell in die Situation, Einstellungsgespräche führen zu müssen. Ohne entsprechende Vorbereitungen bzw. Fortbildungsmaßnahmen ist man plötzlich mit allen Themen der Personalauswahl konfrontiert. Diese Leute sind dann gezwungen, aufgrund ihrer bisherigen Berufserfahrung oder aufgrund ihrer Allgemeinbildung aufs Geratewohl vorzugehen. Dass daraus keine professionelle Gesprächsführung resultieren kann, liegt auf der Hand.

Es gibt jedoch weitere Ursachen, warum Sie gewarnt sein müssen. Aufgrund der beschriebenen, heute üblichen Rationalisierungsbemühungen verzichten immer mehr Betriebe auf eine ausreichende Anzahl von Mitarbeitern, die sich ausschließlich mit dem Personalauswahlverfahren beschäftigen. Dann muss eben irgendeine Führungskraft diese Aufgabe mit übernehmen, unabhängig davon, ob sie Routine darin (oder Talent dazu) hat oder nicht.

Auch bei der Gehaltshöhe der Beschäftigten wird heute vielerorts der Rotstift gezückt. So ist es ohne Weiteres möglich, dass Beschäftigte (im Übrigen Ihre Gesprächspartner) Positionen innehaben, mit deren Bewältigung sie überfordert sind. In diesem Fall hat sich das Unternehmen einfach das höhere Gehalt gespart, welches für einen in Personalfragen besser Qualifizierten zu bezahlen wäre. So ist es heute sogar möglich, dass Ihr Gegenüber nervöser ist als Sie selbst.

Setzen Sie nicht voraus, es mit einem Profi zu tun zu haben.

Nichtsdestotrotz sollten Sie erst einmal von dem eingangs vorgestellten umfangreichen Gesprächsablauf ausgehen. Beherrschen Sie diese

anspruchsvolle Struktur, dann werden Sie auf knappere oder gar un-
professionelle Unterhaltungen gelassen reagieren können. Schauen wir
uns die einzelnen Gesprächssequenzen jetzt einmal genauer an.

3.2.1 Begrüßung, Small Talk, Vorstellungsrunde

Das Einstellungsgespräch beginnt: Konzentrieren Sie sich darauf,
noch bevor Sie die Geschäftsräume des Unternehmens bzw. das Büro
Ihres Gesprächspartners betreten. Bereiten Sie sich auf eventuelle
Begegnungen mit Mitarbeitern vor, die noch nichts mit Ihrem Termin
zu tun haben. Sie kennen deren Funktion nicht. Es könnte ein Ver-
trauter Ihres späteren Gegenübers sein, gar sein Vorgesetzter oder ein
sonstiger Entscheidungsträger.

Treffen Sie dann auf Ihren Gesprächspartner, entsteht in den ersten Sekunden und Minuten der erste Eindruck. Zudem werden
freundliche Floskeln ausgetauscht. Falls Sie Small Talk nicht gewohnt
sind, sollten Sie dies in Ihrem privaten Umfeld üben.

Wenn fremde Menschen aufeinandertreffen, entsteht oft eine
subtile Unsicherheit. Man kann den anderen noch nicht einschätzen.
Durch ein paar Minuten einfache Kommunikation, ohne tiefere Inhal-
te, kann man sich besser aufeinander einstellen. So könnten Sie zum
Beispiel beschreiben, warum Sie gut hergefunden haben. Ebenso ist es
möglich, das Firmengebäude oder das Büro interessant zu finden oder
ganz banal über das Wetter zu sprechen. Zudem wäre zu Beginn des
Gesprächs Folgendes wichtig für Sie:

> **Ihr Gesprächspartner sollte mögliche Beisitzer vorstellen so-
> wie seine eigene Funktion im Unternehmen erläutern.**

3.2.2 Unternehmens-, Tätigkeitsbeschreibung

In diesem zweiten Gesprächsabschnitt wird Ihnen erst einmal Zeit
eingeräumt, einfach zuzuhören. So können Sie sich passiv an die Situ-

Dieter L. Schmich

ation gewöhnen. Ihr Gesprächspartner sollte nun das Unternehmen selbst sowie die fragliche Arbeitsstelle etwas näher beschreiben. Unterbrechen Sie ihn nicht. Notieren Sie sich Ihre Fragen erst einmal auf Ihrem mitgebrachten Notizblock. Erfolgt keine Unternehmens- und Jobbeschreibung, erkennen Sie sofort, dass vor Ihnen kein Profi in Sachen Personalgespräch sitzt. Im Extremfall könnte man Ihnen auch etwas verheimlichen wollen.

Es könnte aber auch sein, dass Ihr Gesprächspartner viel zu viel über sich oder sein Unternehmen erzählt, weil er ganz einfach Eindruck machen möchte. Man will Ihnen vielleicht eine Position ‚verkaufen‘, die einen Haken hat und damit schwer zu besetzen ist. An dieser Stelle des Gesprächs ist es aber noch zu früh, irgendwelche Vermutungen anzustellen. Sehen Sie also erst einmal darüber hinweg und hören Sie weiter entspannt zu.

Wenn Ihr Gegenüber sich eher profiliert, als sich für Sie zu interessieren, reagieren Sie weiterhin gelassen.

Bleiben Sie in dieser Anfangsphase der Unterhaltung noch passiv und abwartend. Haken Sie aber später nach, falls es dazu Anlass gibt. Am besten an der Stelle des Gesprächs, an der Sie aufgefordert werden, Ihre Fragen zu stellen (dazu an anderer Stelle mehr).

3.2.3 Selbstpräsentation

Jetzt sind Sie an der Reihe. Vermutlich werden Sie aufgefordert, zunächst sich und danach Ihren Lebenslauf vorzustellen. Vielleicht müssen Sie auch nur Ihre letzte bzw. letzten Arbeitsstelle/n beschreiben.

Bedenken Sie bitte, dass Ihr Gegenüber Ihren Lebenslauf zur Hand hat und Ihre Angaben vergleichen wird.

Achten Sie darauf, zu Ihren Bewerbungsunterlagen keine widersprüchlichen Angaben zu machen.

Leichtsinnigerweise beachten viele Bewerber dieses wichtige Kriterium nicht. Da werden beispielsweise andere Stärken aufgezählt, als im Anschreiben erwähnt. Die Nennung von Jahreszahlen bestimmter Stationen ist nicht identisch mit dem vorliegenden Lebenslauf oder es werden andere Berufserfahrungen beschrieben, als in der Bewerbung angegeben. Schnell kommt die Frage auf, ob die Unterlagen tatsächlich der Wahrheit entsprechen. Dies sollte Ihnen nicht passieren. Haben Sie direkt vor dem Gespräch die Kopien Ihres versandten Anschreibens und Lebenslaufs noch einmal kurz überflogen sowie im Vorfeld das freie Vortragen Ihrer bisherigen beruflichen Stationen trainiert, werden Sie an dieser Stelle keine Probleme haben.

Achten Sie zudem darauf, dass Sie sich nicht negativ oder gar indiskret über andere Menschen oder Unternehmen äußern. Entschuldigen oder rechtfertigen Sie sich nicht. Insbesondere dann nicht, wenn es Punkte in Ihrem Lebenslauf gibt, die Ihnen nicht gefallen oder unangenehm sind. Falls man Sie darauf anspricht, geben Sie ruhig zu, dass Ihnen das eine oder andere auch nicht gefällt. Vielleicht sind Sie einsichtig und geben ein paar persönliche Fehler zu. Haben Sie beispielsweise einen längeren Zeitraum der Arbeitslosigkeit zu erklären, sollten Sie den Mut haben einzugestehen, dass Sie vielleicht zu spät begonnen haben, sich konsequent zu bewerben oder Sie haben den Arbeitsmarkt falsch eingeschätzt. Sicher sehen Sie heute einiges anders. Auf jeden Fall würde es äußerst positiv auffallen, wenn ausgerechnet Sie eben nicht andere Personen oder Umstände verantwortlich machen für unangenehme Gegebenheiten Ihrerseits.

Stehen Sie selbstbewusst zu Ihrer beruflichen Laufbahn.

Erinnern Sie sich immer wieder: Ihr Gegenüber hatte im Vorfeld mit keinem Punkt Ihres Lebenslaufs ein grundsätzliches Problem, sonst hätte er Sie niemals zu einem persönlichen Gespräch eingeladen. Es gibt also keinen Grund für irgendwelche aufgesetzten Verhaltensweisen. Bleiben Sie zudem sachlich und schweifen Sie nicht ab. Falls Ihre

Äußerungen dem Gesprächspartner zu wenig sind, wird er sich schon melden. Ich erinnere Sie noch einmal:

Versuchen Sie bitte nicht, sich krampfhaft zu verkaufen!

Mir ist bewusst, dass ich mit diesem Ratschlag einigen Fachleuten widerspreche. Ich habe in meinem Leben unzählige Einstellungsgespräche geführt. Ich kann Ihnen versichern, dass sich die Masse der Bewerber selbst aus der engeren Wahl herausredet, nur weil sie denken, sie müssten eine außergewöhnliche Show abziehen. Das geht meist schief. Das Einzige, was sie dadurch erreichen, ist, ihre Natürlichkeit zu verlieren.

Authentisches Auftreten wird als Integrität wahrgenommen.

Und darum geht es in letzter Konsequenz: Kann man Ihnen über den Weg trauen? Stimmen Ihre Aussagen? Wirken Sie ‚echt'? Vermeiden Sie unbedingt den Fehler, etwas darstellen zu wollen, was Sie nicht sind. Können Sie Ihre Natürlichkeit bewahren, wirken Sie automatisch vertrauenswürdig. Haben Sie Ihre „Berufliche Botschaft" im Kopf und können Sie diese in das Gespräch einfließen lassen, haben Sie ausreichend verkäuferisches Geschick bewiesen.

3.2.4 Fragen des Arbeitgebers

Während Sie sich selbst präsentieren, werden bei Ihrem Gegenüber Zwischenfragen aufkommen. Aber spätestens im Anschluss Ihrer Ausführungen wird man versuchen, Sie besser kennenzulernen. Sie haben weitere Fragen zu beantworten. Auf einige davon können Sie sich vorbereiten. Jedoch sollten Sie nicht der weitverbreiteten Fehlannahme unterliegen, wonach hinter jeder einzelnen Fragestellung ein ausgebuffter Hintergedanke oder eine ausgeklügelte Strategie steckt:

Rechnen Sie mit sinnlosen Fragen ohne tiefere Bedeutung.

Es könnte nämlich durchaus sein, dass Ihrem Gesprächspartner tatsächlich keine bessere Frage einfällt oder er Probleme hat, den Gesprächsfluss aufrechtzuerhalten.

Im Folgenden liste ich nun einige mögliche Fragen auf (auch die sinnlosen), mit denen Sie rechnen können. Selbstverständlich werden auch einige darunter sein, die Sie nicht betreffen. Sind Sie noch in einem festen Anstellungsverhältnis, werden Sie natürlich nicht gefragt, warum Sie so lange arbeitslos sind usw. Die nun aufgeführten Fragen entsprechen im Übrigen keinem zeitlichen Ablauf.

Small Talk

- Haben Sie den Weg zu uns gut gefunden?

- Kann ich Ihnen etwas anbieten?

- War es schwierig für Sie, sich für das Gespräch freizumachen?

Unternehmen und Stellenangebot

- Warum haben Sie sich ausgerechnet bei uns beworben?

- Was interessiert Sie an dieser Position am meisten?

- Warum trauen Sie sich den Job zu?

- Wie stellen Sie sich den Job vor?

- Sind Sie offen für viele Geschäftsreisen?

- Bevorzugen Sie Gleitzeit oder feste Arbeitszeiten?

- Was wissen Sie über unser Unternehmen?

- Wie können Sie uns davon überzeugen, dass Sie uns nicht wieder verlassen, sobald sich Ihnen etwas anderes bietet?

- Was ist unser bekanntestes Produkt?

- Was hat Sie an unserer Anzeige besonders angesprochen?

- Wären Sie mit einer späteren Versetzung einverstanden?
- Was wissen Sie über unsere Konkurrenz?
- Wie finden Sie unseren Internetauftritt?

Bildungsweg

- Warum haben Sie sich für Ihre Berufsausbildung entschieden?
- Wie haben Sie sich bisher weitergebildet?
- Ihre Sprachkenntnisse haben Sie mit „XY" bewertet. Ist das realistisch?
- Welche Bücher haben Sie in den letzten zwölf Monaten gelesen?
- Warum haben Sie dieses Thema für Ihre Masterrarbeit gewählt?
- Warum haben Sie nach dem Bachelorabschluss noch den Master gemacht?
- Warum haben Sie begonnen zu studieren?
- Warum haben Sie ausgerechnet diesen Studiengang gewählt?
- Ist Ihnen das Studium leicht gefallen?
- Warum haben Sie die Studienregelzeit überschritten?
- Welchen Nutzen konnten Sie aus Ihren Praktika ziehen?
- Entsprechen Ihre Zeugnisnoten Ihren tatsächlichen Kenntnissen?
- Was hat Ihnen Ihr Auslandssemester tatsächlich gebracht?
- Wie gut sind Ihre PC-Kenntnisse?

Beruflicher Werdegang

- Stammt der Entwurf Ihres Arbeitszeugnisses von Ihnen selbst?
- Sie nannten in Ihrem Anschreiben einige berufliche Stärken. Erläutern Sie diese bitte anhand eines Beispiels!
- Was hat Ihnen bei Ihrer letzten Anstellung am meisten Spaß gemacht?
- Was waren die wichtigsten Phasen in Ihrem Lebenslauf?

▓ Was hat Ihnen bei Ihrer letzten Tätigkeit nicht so gefallen?

▓ Was war bisher Ihr größter beruflicher Erfolg?

▓ Hatten Sie in Ihrer beruflichen Laufbahn ein Schlüsselerlebnis?

▓ Welche berufliche Entscheidung war bisher für Sie die beste?

▓ Warum haben Sie Ihre letzte Arbeitsstelle aufgegeben?

▓ Was würden Sie noch anders machen, wenn Sie noch einmal ihr Berufsleben beginnen könnten?

▓ Wurden Sie von der Kündigung überrascht? Wie haben Sie darauf reagiert?

▓ In welchem Verhältnis wurde die Beschäftigung beendet?

▓ Warum sind Sie mit Ihrem Chef nicht zurechtgekommen?

▓ Warum wurde ausgerechnet Ihnen gekündigt?

▓ Beschreiben Sie bitte Ihre letzte berufliche Position.

▓ Wie würden Sie Ihren letzten Chef charakterisieren?

▓ Was haben Sie von dem, was Sie sich einst vorgenommen haben, nicht erreicht?

▓ Warum haben Sie gewechselt?

▓ Was hat Sie bisher am stärksten frustriert?

▓ Welches Verhältnis hatten Sie zu Vorgesetzten und Kollegen?

▓ Beschreiben Sie bitte einen typischen Arbeitsalltag bei Ihrer letzten/vorletzen Anstellung.

Persönlichkeit

▓ Sie nannten in Ihrem Anschreiben einige charakterliche Eigenschaften. Erläutern Sie diese bitte anhand eines Beispiels!

▓ Was sind Ihre Schwächen?

▓ Wovor haben Sie beruflich am meisten Angst?

▓ Was motiviert Sie?

Dieter L. Schmich

- Was sind Ihre Stärken?

- Welchen Stellenwert hat der Beruf für Sie im Leben?

- Was haben Sie in den letzten Wochen einem Freund Gutes getan?

- Warum glauben Sie, dass Sie teamfähig sind?

- Was möchten Sie privat erreichen?

- Was verstehen Sie unter Erfolg?

- Welches Image haben Sie bei Ihren Kollegen oder Freunden?

- Welche Werte im Berufsleben sind für Sie besonders wichtig?

- Wie reagieren Sie, wenn ein Problem auftritt?

- Wie gehen Sie mit Kritik um?

- Welche Hobbys haben Sie und welchen Stellenwert haben diese für Sie?

- Wie gehen Sie mit schwierigen Kollegen um?

- Wie gehen Sie mit Veränderungen um?

- Denken Sie, dass Sie für den heutigen Anlass passend gekleidet sind?

- Was stört Ihren Partner an Ihnen?

- Erzählen Sie doch mal was über sich!

- Wie oft unterbrechen Sie Ihre Arbeitszeit, außerhalb der festgelegten Pausenzeiten, für Rauchen oder Toilettengänge?

- Wie würden Sie sich charakterisieren?

- Was tun Sie, wenn Sie von einem Vorgesetzten ungerecht behandelt wurden?

- Was würden Sie tun, wenn Ihr Kollege befördert wird, obwohl Sie besser dafür geeignet wären?

- Welche Zeitungen und Zeitschriften lesen Sie regelmäßig?

- Was bedeutet für Sie der Begriff „Arbeit"?

- Welche Vorbilder haben Sie?

- Welche Eigenschaft an anderen Menschen stört Sie am meisten?

- Wie sollte ein Vorgesetzter nicht sein?

- Was bedeutet für Sie Loyalität?

- Bevorzugen Sie im Berufsleben eher das ‚Du' oder das ‚Sie'?

- Sind Sie ein Karrieretyp?

- Sind Sie ein Einzelkämpfer?

- Was war Ihre größte Stresssituation?

- Wie gefällt Ihnen die Farbe meiner Krawatte (Bluse etc.)?

Führungskompetenz

- Können Sie sich durchsetzen und wie machen Sie das?

- Welchen Führungsstil haben Sie?

- Nennen Sie uns bitte ein Beispiel für unternehmerisches Denken!

- Was tun Sie lieber? Zuhören oder selbst reden?

- Warum scheitern Projekte?

- Was sind die größten Probleme bei Teamsitzungen?

- Wie reagieren Sie, wenn Sie eine Aufgabe erhalten und Sie wissen im Vorfeld, dass das in der vorgegebenen Zeit nicht machbar ist?

- Wie stellt sich Ihr Konfliktmanagement dar?

- Was tun Sie, wenn ein Mitarbeiter Ihre Anweisungen nicht befolgt?

- Warum sind Sie bereit, weit über fünfzig Stunden die Woche zu arbeiten, obwohl Sie Familie haben?

- Wie schätzen Sie die aktuelle Wirtschaftslage ein?

- Ist es wichtig für Sie, dass Ihre Entscheidungen auf breiten Konsens stoßen?

- Was verstehen Sie unter einem ‚erfolgreichen Unternehmen'?

Lebensplanung und Freizeit

▪ Was möchten Sie in fünf Jahren beruflich erreicht haben?

▪ Was möchten Sie in fünf Jahren verdienen?

▪ Warum glauben Sie, dass Sie in Ihrem Alter noch einmal so eine Herausforderung bewältigen können?

▪ Welche privaten Belastungen gibt es?

▪ Welchen Beruf würden Sie sonst gerne ausüben?

▪ Welche Hobbys haben Sie? Was machen Sie in Ihrer Freizeit?

▪ Wie ist Ihre Familienplanung?

▪ Sind Sie mobil?

▪ Welche Entscheidung in Ihrem Leben haben Sie bedauert?

▪ Ist Ihr Mann (Ihre Frau) berufstätig?

▪ Wo und in welchem Beruf arbeitet Ihre Frau (Ihr Mann)?

▪ Wie steht Ihr/e Partner/in zu Ihrer Bewerbung und zu Ihren beruflichen Plänen?

▪ Sind Sie ehrenamtlich oder gemeinnützig tätig und warum?

▪ Warum wollen Sie die Stelle wechseln?

▪ Was tun Sie, wenn Sie sich entspannen wollen?

▪ Sind Kinder und Beruf für Sie vereinbar oder ein hoher Stressfaktor?

▪ Wie wichtig ist Geld für Sie?

Gesprächsabschluss und Gehalt

▪ Haben Sie momentan noch andere Angebote?

▪ Wie stellen Sie sich eine Einarbeitungszeit vor?

▪ Was erwarten Sie von einer Anstellung bei uns?

▪ Warum sollten wir uns für Sie entscheiden?

▪ Welche Gehaltsvorstellungen haben Sie?

- Sind Sie an der Arbeitsstelle interessiert?

- Wann können Sie sich entscheiden?

- Könnten Sie kurzfristig beginnen?

- Würden Sie einer gehaltsfreien Probearbeit zustimmen und welche maximale Zeitspanne wäre für Sie akzeptabel?

- Würden Sie sich einem grafologischen Gutachten unterziehen?

- Wie begründen Sie Ihre hohen Gehaltsvorstellungen?

- Würden Sie uns im Rahmen einer Gesundheitsüberprüfung durch unseren Betriebsarzt eine Blutprobe zur Verfügung stellen?

- Warum sind Sie bereit, Einkommenseinbußen zu akzeptieren?

- Wären Sie im Falle, dass wir Ihnen keine positive Antwort geben können, offen für andere Aufgabenstellungen?

- Wären Sie bereit, Ihren Bart/Ohrring/Piercing abzunehmen?

- Sind Sie bereit, vier Wochen gehaltsfrei zur Probe zu arbeiten?

- Welche abschließenden Fragen haben Sie noch?

Unebene Lebensläufe

- Warum waren Sie (so lange) arbeitslos?

- Weshalb waren Sie so oft arbeitslos?

- Weshalb haben Sie so häufig Ihre Stelle gewechselt?

- Warum haben Sie Ihr/e Berufsausbildung/Studium abgebrochen?

- Waren denn so viele Praktika notwendig?

- Warum haben Sie so lange studiert?

- Warum war der Zeitraum Ihrer Erziehungszeit so lange?

- Warum haben Sie das Unternehmen bereits in der Probezeit verlassen?

- Warum möchten Sie nach einer Selbstständigkeit nun eine Festanstellung anstreben?

Dieter L. Schmich

- **Wie haben Sie Ihre Arbeitslosigkeit für sich nutzen können?**

- **Warum haben Sie so oft Ihre Branche gewechselt?**

- **Warum haben Sie nicht in Ihrem erlernten Beruf gearbeitet?**

Sie sollten trainieren, auf alle Sie betreffenden Fragen zumindest eine kurze Antwort parat zu haben. Ich gebe Ihnen ganz bewusst keine Ratschläge, welche Antworten zweckmäßig sein könnten, zumal die zahlreich möglichen Antwortvarianten stark von Ihrer spezifischen Ausgangssituation abhängig sind. Was aber viel wichtiger ist:

> **Zerbrechen Sie sich nicht den Kopf darüber, ob eine mögliche Antwort 'richtig' oder 'falsch' ist.**

Es kommt eher darauf an, dass Sie nicht von einer Frage überrascht werden und dadurch Ihre Souveränität verlieren. Wie gesagt: Nur dann, wenn Sie Ihre Gelassenheit nicht verlieren, wirken Sie authentisch und damit auch vertrauenswürdig.

Falls Sie dennoch bei der Beantwortung einiger Fragen eine tiefe Verunsicherung spüren, sollten Sie einen Experten zurate ziehen. In Ihrer Region gibt es sicher entsprechende Seminare oder Fachleute.

Des Weiteren sollten Sie bitte nicht auf die Idee kommen, sich selbst negativ darzustellen, wenn es dazu keinen Anlass gibt.

> **Rechtfertigen Sie sich nicht für etwas, was Ihr Gegenüber noch gar nicht angesprochen hat.**

Wenn Sie also nicht gefragt werden, warum Sie gekündigt wurden oder warum Sie so lange ohne Arbeit waren, dann verlieren Sie auch kein Wort darüber. Das Gleiche gilt, wenn Sie nicht auf bestimmte unebene Punkte Ihres Lebenslaufs angesprochen werden. Sprechen Sie diese Themen dann nicht von sich aus an!

> **Bringen Sie Ihre Probleme mit Ihrem beruflichen Profil oder Ihrem Lebenslauf nicht selbst auf den Tisch.**

Dafür ist Ihr Gesprächspartner zuständig, diese Punkte herauszufinden (falls überhaupt vorhanden). Wie bereits erläutert: Die Masse der Bewerber redet sich um Kopf und Kragen. Manche Kandidaten rechtfertigen sich für Dinge, die ihr Gesprächspartner übersehen und niemals angesprochen hätte. In diesen Fällen übernimmt der Bewerber die Arbeit, auf Nachteiliges aufmerksam zu machen. Deshalb möchte ich folgenden Merksatz noch einmal in Erinnerung rufen:

Reden Sie ausschließlich über Positives und Ihre Stärken.

Erst dann, wenn Ihr Gesprächspartner nachhakt, gibt es einen Grund, über Schwächen, Kündigungsgründe, Lücken in Ihrem Lebenslauf oder sonstige unebene Punkte Ihrerseits zu sprechen.

Ein Vorstellungsgespräch ist übrigens die denkbar schlechteste Situation, besonders bescheiden wirken zu wollen. Ihr Gegenüber ist darauf angewiesen, von Ihnen zu erfahren, was Sie können. Er hat keine Zeit, um bei Ihnen tiefer zu bohren, um vielleicht doch zu entdecken, dass Sie mehr können, als Sie zugegeben haben.

3.2.5 Fragen des Bewerbers

Das Ende des Vorstellungsgesprächs rückt näher. Spätestens jetzt werden Sie aufgefordert, Ihre Fragen zu stellen. Sehen Sie bitte unbedingt davon ab, gar keine Fragen zu stellen:

Fragen bedeutet Professionalität und Interessensbekundung.

Des Weiteren möchten Sie sicher, schon auch aus Eigeninteresse heraus, maximale Informationen über Ihren Arbeitsplatz bzw. über Ihren zukünftigen Arbeitgeber erfahren. Bedenken Sie, dass Sie aufgrund der hier vorgestellten Strategie viele Gespräche bei unterschiedlichen Unternehmen zu führen haben. Sie werden ein schwieriges Luxusproblem zu meistern haben. Mehrere Stellenangebote sind ge-

geneinander abzuwägen. Sie haben also im Vorfeld nur durch Vorstellungsgespräche die Chance, sich von dem betreffenden Arbeitgeber einen ausreichenden persönlichen Eindruck zu verschaffen. Es wäre eine Katastrophe, wenn sich erst nach Ihrem Arbeitsantritt herausstellt, dass Sie sich für den falschen Job entschieden haben.

Sie müssen im Vorstellungsgespräch in der Lage sein, das Jobangebot sowie den Arbeitgeber ausreichend zu prüfen.

Überlegen Sie sich Fragestellungen unbedingt, bevor Sie zu Ihrem Termin gehen. Notieren Sie sich diese auf dem Notizblock, den Sie sowieso beim Gespräch dabei haben. Damit stellen Sie sicher, dass Sie nichts vergessen und ausreichende Informationen gewinnen. Zudem zeigen Sie eindrucksvoll, sich professionell vorbereitet zu haben.

Im Folgenden sind einige Fragen aufgelistet, die Sie stellen könnten. Wählen Sie einige aus, die für Ihre Situation sinnvoll sind.

Zur Tätigkeit selbst:

- **In welche Hierarchie ist meine Position eingebunden?**
- **Wer sind meine Arbeitskollegen? Teameinbindung?**
- **Wer ist mein direkter Ansprechpartner/Vorgesetzter?**
- **Gibt es eine Stellenbeschreibung?**
- **Nähere Angaben zu den Arbeitsaufgaben? Was wird hauptsächlich von mir erwartet?**
- **Wie, wo und wie lange findet die Einarbeitung statt und durch wen?**
- **Aufstiegsmöglichkeiten? Perspektive?**
- **Kann der Arbeitsplatz vorab besichtigt werden?**
- **Gibt es Arbeitsziele? Welche Ergebnisse werden erwartet? Wann sind diese von mir zu erreichen?**
- **Wie sieht ein typischer Arbeitstag aus?**

Zum Unternehmen:

- Unternehmensaufbau? Organigramm?

- Momentane wirtschaftliche Situation?

- Unternehmensziele?

- Mitarbeiteranzahl?

- Wo sitzt die Firmenzentrale?

Zu den Konditionen:

- Monatseinkommen, Jahreseinkommen? 13. Gehalt, Bonus? Sonstige Sonderzahlungen?

- Überstundenregelung? Auszahlung? Wie hoch? Abfeiern?

- Arbeitszeiten? Fest? Flexibel?

- Soziale Leistungen? Betriebliche Altersvorsorge, Aktien, Optionen, Gewinnbeteiligungen oder sonstige Sonderleistungen?

- Dauer Probezeit?

- Gehaltssteigerung möglich? Wann? Im Arbeitsvertrag festgelegt?

- Befristeter/unbefristeter Arbeitsvertrag?

- Fortbildungsmöglichkeiten?

- Welche Arbeitsmittel gibt es? (z.B. Arbeitskleidung, Pkw usw.)

Sonstige Fragen:

- Welche Funktion haben Sie inne? Wer kann entscheiden?

- Zweites Gespräch notwendig? Und mit wem? Wie geht es weiter?

- Wie verlief das Gespräch aus Ihrer Sicht? Feedback?

- Wann wird entschieden?

- Warum ist die Position zu besetzen? Aufgrund einer Kündigung? Neuschaffung? Wie lange ist sie schon vakant?

- Sind weitere Einstellungen beabsichtigt, die mich betreffen?

3.2.6 Gehalt, Vorgehensweise, Verabschiedung

Sind Ihre Fragen und diejenigen Ihres Gegenübers hinreichend geklärt, wird zu einem wichtigen Punkt übergegangen. Vor Jahren war es noch üblich, dass an dieser Stelle Gehaltsvorstellungen ausgetauscht wurden. Die Konditionen waren großzügig verhandelbar. Allerdings wird heute mit einem sehr spitzen Bleistift gerechnet. Daraus resultiert häufig, dass die Personalkosten für eine zu besetzende Position knapp kalkuliert sind. Damit steht das Gehalt mit hoher Wahrscheinlichkeit schon fest, bevor der Termin stattfindet. Es ist damit immer seltener individuell festlegbar.

Wahrscheinlich werden Sie dennoch gefragt werden, welche Gehaltsvorstellungen Sie haben. Das ist natürlich eine sehr unangenehme Frage. Besonders dann, wenn Ihr Gesprächspartner sowieso schon eine feste Zahl im Kopf hat. Sehen Sie diese Frage aber nicht als sinnlos an, sondern als sportliche Übung. Vielleicht möchte man nur herausfinden, ob man Sie günstiger bekommen könnte, ob Sie realistische Gehaltsvorstellungen haben oder gar in Gehaltsregionen schweben, die sich die Firma sowieso niemals leisten könnte. Trotzdem müssen Sie diese Frage beantworten können. Ich kann Ihnen da leider keinen pauschalen Ratschlag geben. Auch dies ist zu sehr von Ihrer spezifischen beruflichen Ausgangssituation abhängig.

Liegen Sie mit Ihrer Nennung zu hoch, könnte dies abschreckend wirken. Sind Ihre Angaben zu niedrig, machen Sie sich verdächtig, dass Sie zu unerfahren sind und Ihren Marktwert nicht kennen. Erschwerend kommt hinzu, dass im aktuellen Arbeitsmarkt erhebliche Einkommensunterschiede trotz vergleichbarer Tätigkeiten zu beobachten sind. In den letzten Jahren sind in manchen Branchen die Gehälter gesunken. Bei neueren Arbeitsverträgen wird erheblich weniger bezahlt als bei Arbeitsverhältnissen, die schon seit vielen Jahren bestehen.

Aber auch der Umkehrfall ist zu beobachten. Insbesondere für begehrte berufliche Qualifikationen (z.B. bei den MINT-Abschlüssen:

Mathematik, IT, Naturwissenschaft, Technik), die ganz besonders vom Fachkräftemangel betroffen sind, gab es die letzten Jahre deutliche Gehaltssteigerungen.

Über alledem steht, dass es oft schwierig ist, sich theoretisch über Gehaltszahlungen in bestimmten Branchen schlau zu machen. Erfahrungsgemäß können diese Statistiken keine Rücksicht auf die Dynamik des Arbeitsmarkts nehmen, sind damit nicht mehr aktuell oder entsprechen einfach nicht der Realität.

Aber ich kann Sie beruhigen. Falls Sie es geschafft haben, zu mehreren Vorstellungsgesprächen eingeladen zu werden, finden Sie schnell heraus, welche Gehälter für die von Ihnen gesuchte Position üblicherweise gezahlt werden.

Wenn Sie dennoch nicht genau wissen, was in der betreffenden Position gezahlt wird, machen Sie eine ‚Von/bis-Angabe'. Sie können auch von Einkommenszielen sprechen und angeben, dass ihr Gehalt in einem bestimmten Zeitraum wünschenswerterweise auf eine bestimmte Höhe steigen sollte. Abschließend rate ich:

Besser ist es, eher zu hoch, als zu niedrig zu liegen.

Nachdem über die Konditionen gesprochen wurde, können Sie noch einen nachhaltigen Eindruck hinterlassen. Man wird Sie fragen, ob Sie grundsätzlich Interesse an der betreffenden Position haben.

Sagen Sie unmissverständlich zu, dass Sie interessiert sind.

An dieser Stelle des Gesprächs geht es nicht darum, sozusagen Nägel mit Köpfen zu machen. Ihr Gesprächspartner benötigt jetzt Sicherheit, ob von Ihrer Seite aus Voraussetzungen gegeben sind, Sie weiterhin in der engeren Wahl zu belassen. Für ihn wäre es sehr unangenehm, wenn er Sie seiner Geschäftsführung als besten Kandidaten vorstellen würde und Sie wären dann nicht verfügbar.

Folglich könnte eine zurückhaltende Reaktion Ihrerseits missverstanden werden. Denken Sie daran: Sie können später immer noch absagen. Das ist nicht unanständig, sondern Ihr gutes Recht, wenn ein anderes Unternehmen Ihren Interessen eher entgegenkommt. Betonen Sie aus diesem Grunde an dieser Stelle des Gesprächs unbedingt Ihre hohe Motivation, für dieses Unternehmen tätig werden zu wollen. Auch dann, wenn Ihnen am Ende des Gesprächs ein anderes, schon vorliegendes Jobangebot lukrativer erscheint. Halten Sie sich zunächst alle Hintertüren offen. Verzichten Sie bitte auch auf Andeutungen hinsichtlich bestehender Alternativen, wenn dies nicht der Wahrheit entspricht. Sie würden mit dem Feuer spielen. Ihr Gesprächspartner wird wahrscheinlich sehr gut einschätzen können, ob Sie derzeit über ein gefragtes berufliches Profil verfügen oder nicht.

Zum Schluss sollten Sie Ihrem Gesprächspartner ein letztes kleines Kompliment machen. Falls Sie das Gespräch interessant, informativ oder einfach nur angenehm empfanden, dann (aber bitte nur dann) sprechen Sie dies am Ende des Gesprächs aus.

Sie werden nun wahrscheinlich erleichtert sein, dass das Gespräch vorbei ist. Womöglich hat man Ihnen ein tolles Angebot gemacht. Allzu leicht könnten Sie sich überschätzen:

Laufen Sie nicht Gefahr, zu vertraulich oder sogar salopp zu werden.

Damit würden Sie ein erfolgreiches Gespräch zunichtemachen. Bleiben Sie bis zum Schluss konzentriert. Auch dann noch, wenn Sie das Gebäude verlassen haben. Man könnte Ihnen ja noch nachschauen.

3.3 Die Zusage für den Arbeitsplatz

Die finale Zusage für eine Arbeitsstelle erhalten Sie in der Regel erst einige Tage nach Ihrem Vorstellungsgespräch. Falls auch Sie zustimmen, erhalten Sie daraufhin den Arbeitsvertrag. Erst mit Ihrer Unterschrift und vor allem mit Ihrem Arbeitsantritt wird ein Arbeitsverhältnis geschlossen.

Nehmen wir also an, Sie erhalten die mündliche Zusage. Allerdings sind Sie sich noch nicht klar, ob Sie tatsächlich das Angebot annehmen möchten. Und nehmen wir zusätzlich an, dass Sie noch Alternativen in Aussicht haben, aber dort noch nichts unterschrieben ist. Ich rate Ihnen auch hier (vergleichbar zu Ihrer ‚euphorischen Interessensbekundung' im Vorstellungsgespräch selbst) Folgendes:

Sagen Sie bei allen mündlichen Angeboten deutlich zu.

Gehen Sie keine Risiken ein. Was machen Sie, wenn das erhoffte Alternativangebot ausbleibt? Sie haben immer die Möglichkeit, einen Arbeitsvertrag nicht zu unterschreiben.

Das mag ein Ratschlag sein, der Ihrem ehrlichen Naturell widerspricht. Leben Sie an dieser Stelle aber bitte keine unangebrachte Moralvorstellung aus. Sie sind Teil eines wirtschaftlichen Systems, das nach Gewinn- und Vorteilsmaximierung strebt. Akzeptieren Sie dies bitte. Es wird heute mit härteren Bandagen gekämpft als früher. Spielen Sie das Spiel mit und nutzen Sie den Arbeitgeber für Ihre Zwecke. Dort ist man sich der Tatsache schon bewusst, dass erst dann etwas gilt, wenn der Arbeitsvertrag unterschrieben ist.

Haben Sie sich schlussendlich entschieden, ist es zweckmäßig, Ihren Vertrag von einem Fachmann prüfen zu lassen. Dies ist ein Kostenfaktor, der sich lohnt. Generell sind die grundlegenden Arbeitnehmerrechte per Gesetz festgeschrieben. Es gilt immer „Staatsrecht vor Vertragsrecht". Egal was in Ihrem Vertrag steht, verstößt es gegen Ihre geschützten Mindestrechte, hat es keine Gültigkeit. Trotzdem rate ich Ihnen, eine zweite Meinung von einem Fachanwalt für Arbeitsrecht einzuholen. Im Verhältnis zu Ihrem Jahreseinkommen gesehen werden diese Kosten sicher zu vernachlässigen sein.

Also, ich wünsche Ihnen von Herzen, dass Sie viele Zusagen für einen neuen bzw. besseren Job erhalten!

4 Bewerbungsmanagement

Im Prinzip könnten Sie jetzt dieses Buch beiseitelegen. Bis hierher habe ich Ihnen alle Informationen gegeben, um in wenigen Wochen Ihren Job zu finden. Dennoch wird dieses letzte Kapitel für Ihre Zukunft sehr bedeutsam sein.

Da die durchschnittliche Anstellungsdauer stetig sinkt, ist die Wahrscheinlichkeit recht hoch, dass Sie sich alle paar Jahre aufs Neue zu bewerben haben. Dies ist nicht nur sehr beunruhigend, sondern vor allem uneffektiv. Deshalb liefere ich Ihnen mit diesem Ratgeber einen kleinen Zusatznutzen. Sie können nämlich schon jetzt erste Vorkehrungen treffen, damit Sie sich nie mehr in Ihrem Leben in dieser Form bewerben müssen – trotz wechselhaftem Arbeitsmarkt.

Bevor wir zu diesem existenziell wichtigen Thema übergehen, werde ich Ihnen noch einige Tipps geben, wie Sie kontrollieren können, ob Sie während Ihrer aktuellen Jobsuche immer auf dem richtigen Weg sind.

4.1 Bewerbungscontrolling

Wahrscheinlich ist es gar nicht nötig, Ihre Strategie überprüfen zu müssen. Erfahrungsgemäß stellen sich schon nach wenigen Bewerbungen die ersten Erfolge ein. Kommen dennoch Zweifel auf, können Sie relativ einfach sich selbst kontrollieren. Ich nenne Ihnen zwei wichtige Kennzahlen aus meiner Tätigkeit als Jobcoach. Ich setze voraus, dass Ihre Bewerbungsunterlagen aktuellen Anforderungen genügen und Sie in der Lage sind, diese ordnungsgemäß (auch online) an Arbeitgeber zu versenden. Zudem nehme ich an, dass Sie alle Ratschläge dieses Buchs in die Praxis umgesetzt haben:

Aus fünf bis zehn versandten Bewerbungen sollte mindestens eine Einladung zu einem Vorstellungsgespräch erfolgen.

Erfüllen Sie diese Quote, gibt es eine weitere wichtige Kennzahl:

Aus fünf Vorstellungsgesprächen sollten Sie mindestens eine Jobzusage erhalten.

Das sind jedoch durchschnittliche Werte. Falls Ihre Quoten etwas schlechter ausfallen, warten Sie erst einmal eine kurze Zeit ab. Erst wenn Sie eine genügend hohe Anzahl von Bewerbungen (nicht zu verwechseln mit den „Kurzanfragen") hinter sich haben, können Sie mit Sicherheit sagen, ob irgendwo etwas nicht stimmt.

Erfüllen Sie danach die Kriterien dennoch nicht, müssen Sie Ihre Vorgehensweise überprüfen. Meistens geht es um zwei Probleme:

1. Sie visieren eine Position an, für die Sie noch nicht geeignet sind.

2. Sie setzen nur teilweise die hier vorgeschlagene Strategie um.

Allerspätestens nach zirka dreißig übermittelten Bewerbungsunterlagen müssen Sie eine Entscheidung treffen. Die Betonung liegt auf müssen. Ich rate Ihnen dringend davon ab, uneinsichtig zu sein, den Kopf in den Sand zu stecken oder im gleichen Stil weiterzumachen.

Vielleicht haben Sie aus diesem Buch nur Empfehlungen umgesetzt, die Ihnen leicht gefallen sind und alles andere einfach weggelassen. Sie sollten auf jeden Fall in sich gehen und etwas ändern.

Als ersten Schritt empfehle ich Ihnen, diesen Bewerbungsratgeber ein zweites Mal konzentriert zu lesen. Falls Sie wirklich alle Ratschläge befolgt haben und Sie erreichen die Mindestquoten dennoch nicht, prüfen Sie, ob Sie vielleicht zu hohe Ansprüche haben oder sich gar auf unpassende Positionen bewerben. Vielleicht sollten Sie sich dann fortbilden oder einen beruflichen Zwischenschritt einlegen. Sie könnten beispielsweise überdenken, ob eine neue betriebliche oder fachschulische Berufsausbildung für Sie infrage kommt. Dabei müssen Sie jedoch größte Vorsicht walten lassen.

Ich kann Ihnen dazu einige Erfahrungen aus der Praxis bieten: Je älter Sie sind, desto weniger rentiert sich eine neue Berufsausbildung. Zumindest was die Vollzeitvariante einer Neuqualifizierung angeht. Sie müssten wahrscheinlich erhebliche finanzielle und zeitliche Einschränkungen in Kauf nehmen. Anschließend haben Sie lediglich einen neuen Berufsabschluss, jedoch keine ausreichenden Praxiskenntnisse. Damit müssten Sie wahrscheinlich ein schlechtes Einstiegsgehalt hinnehmen, da in letzter Konsequenz nur Berufserfahrungen auf eine werthaltige Nachfrage bei Unternehmen stoßen. Dies wäre vielleicht noch akzeptabel. Doch darüber hinaus müssten Sie noch viele Monate, wenn nicht Jahre, die notwendigen Erfahrungen sammeln. Erst dann werden Sie die Voraussetzungen erfüllt haben, aus denen sich eine positive berufliche Entwicklung ergibt. Dies rechnet sich meist nur in jungen Jahren.

Dabei ist der schlimmste Fall noch gar nicht berücksichtigt. Nämlich der, dass Sie in einem bestimmten Lebensalter mit einer nagelneuen Qualifikation den Berufseinstieg gar nicht mehr schaffen. Die bessere Lösung, seinen Marktwert zu erhöhen, ist, einen beruflichen Zwischenschritt einzulegen.

Überlegen Sie sich folgende Situation: Sie nehmen eine Stelle an, für die Sie gerade noch geeignet sind. Dort sollten Sie dann sehr genau beobachten, welche speziellen Aufgaben nur von wenigen Arbeitskollegen erfüllt werden können. Welche Mitarbeiter führen Tätigkeiten aus, die entscheidend sind für das Team, für den Chef, für die Abteilung oder für das Unternehmen? Wer von den Kollegen ist nur schwer zu ersetzen? Was passiert, wenn jemand z.B. krank wird?

Wenn Sie sich auf das Erlernen dieser Schlüsselaufgaben konzentrieren, wird Ihre Arbeitskraft wertvoller. Sie könnten dann eine berufliche Verbesserung einfordern. Oder Sie suchen sich mit Ihrem dann neuen anspruchsvolleren Profil einen anderen Arbeitgeber. Durch diesen kleinen Umweg könnten Sie diejenige berufliche Situation erreichen, die Sie vielleicht im Vorfeld anstrebten.

Halten Sie in Ihrem Berufsleben Ausschau nach einzigartigen Arbeitsaufgaben und lernen Sie, diese zu bewältigen.

Haben Sie sich zu dem vorgeschlagenen beruflichen Zwischenschritt entschieden und sich einen solchen Arbeitsplatz gesucht, können Sie sich immer noch fortbilden. Entweder bei Ihrem neuen Arbeitgeber oder nebenberuflich in Ihrer Freizeit.

4.2 Zukunftssicherung

Nun geht es um die Zeit, nachdem Sie Ihren Job gefunden haben und der Arbeitsalltag wieder eingekehrt ist. Stellen Sie sich jetzt doch einmal vor, Sie hätten währenddessen immer wieder berufliche Alternativen in der Hinterhand. Sie würden mit dem Bewusstsein morgens zur Arbeit fahren, sich jederzeit verändern zu können – wenn Sie nur wollen. In diesem Fall wären Sie in der Lage, Ihrem dann gegenwärtigen Arbeitgeber jederzeit Verbesserungswünsche zu unterbreiten. Willigt er ein oder kommt Ihnen zumindest entgegen, haben Sie Ihre Arbeitsbedingungen weiter verbessert. Lehnt er ab, dann tauschen Sie den Arbeitgeber einfach wieder gegen einen besseren aus.

Mit beruflichen Alternativen in der Hinterhand werden Sie Ihr Berufsleben nicht nur gelassener erleben, sondern auch mutiger Ihre beruflichen Interessen durchsetzen.

Es wäre aber auch der Fall denkbar, dass alles in Ordnung ist und Sie ein zufriedenes Berufsleben führen. Und dann eröffnet Ihnen Ihr Chef eines Morgens, dass die Geschäftsführung in Übersee gestern beschlossen hat, Ihren Arbeitsplatz ersatzlos zu streichen. Haben Sie in dieser Situation eine ausreichende Anzahl von beruflichen Alternativen in der Hinterhand, wären Sie in der Lage, gelassen nach Hause zu gehen. Dort könnten Sie dann ein paar Telefonate führen, um zum nächstmöglichen Termin eine neue Arbeitsstelle bei einer anderen Firma anzutreten.

Negativer Stress entsteht selten durch eine berufliche Situation, sondern durch das Fehlen von Alternativen.

Das heißt, der Schlüssel für ein sicheres und entspanntes Arbeitsleben besteht darin, ein Netzwerk zur Verfügung zu haben, das aus beruflichen Verbündeten besteht. Diese werden Ihnen unter die Arme greifen, wenn es darauf ankommt.

Soziale und berufliche Netzwerke sind praktisch die Lebensversicherung für einen unsteten Arbeitsmarkt.

Der Anteil der „Verdeckten Stellen", die durch gut informierte Networker besetzt werden, ist schon jetzt recht hoch. Dieser Trend wird sich weiter verstärken. Dies ist nicht nur ein natürlicher Prozess, sondern vor allem sehr menschlich. In einem globalisierten Arbeitsmarkt, der durch hohe Dynamik und Unsicherheit geprägt ist, ist es geradezu logisch, dass Menschen wieder näher zusammenrücken und sich gegenseitig unterstützen. Ist man Teil einer verbündeten Gruppe, entsteht Sicherheit für Existenz und Karriere. Hätten Sie in der Vergangenheit frühzeitig an Networking gedacht, wären für Sie Bewerbungsratgeber bedeutungslos.

Es ist aber nie zu spät, etwas nachzuholen. Ganz im Gegenteil, wenn Sie den Inhalt dieses Buchs in die Praxis umsetzen, können Sie einen einzigartigen Nebeneffekt erzielen. Mit dem vorgestellten Ablaufplan zur Jobsuche schlagen Sie nämlich zwei Fliegen mit einer Klappe. Sie finden einerseits Ihren besseren Job und andererseits könnten Sie gleichzeitig eine erste Basis für ein späteres Netzwerk schaffen, das Ihre Zukunft absichert. Der erste Schritt dazu ist der Aufbau einer beruflichen Datenbank.

Ihre berufliche Datenbank

Eigentlich hätte ich dieses Thema bereits zu Beginn dieses Buchs vorstellen müssen. Es erscheint zum Ende hin, weil Ihnen wahrscheinlich erst an dieser Stelle einleuchten wird, welche außergewöhnlichen Chancen für Sie bestehen, wenn Sie Ihre derzeitige Jobsuche mit dem Aufbau einer beruflichen Datenbank verknüpfen.

Im Rahmen der bisher beschriebenen Aktivitäten erhalten Sie nämlich sehr viele Informationen: Sie werden Arbeitgeber recherchieren, Kontaktgespräche führen, Unterlagen versenden sowie Bestätigungs-, Absage- und Einladungsschreiben erhalten. Ebenso sammeln Sie Visitenkarten ein, tauschen E-Mails aus oder bekommen sonstige Informationen. Darüber hinaus liegen Ihnen Firmenbezeichnungen, Unternehmensadressen, Namen von Ansprechpartnern, Telefonnummern, E-Mail-Adressen, Abteilungsnamen und vieles mehr vor. Zudem müssen Sie Vorstellungstermine vereinbaren und koordinieren. Alles in allem werden die drei Phasen Ihrer Jobsuche (Recherche – Kurzanfragen – Bewerbungen) zu einer gewaltigen Datenmenge führen. Nutzen Sie dieses Wissen!

Ihre gesammelten Daten sind für Ihre Zukunft Gold wert.

Ihr Insiderwissen muss jedoch strukturiert werden, sonst verlieren Sie schnell den Überblick. Schaffen Sie deshalb schon während der Umsetzung des hier vorgestellten Bewerbungskonzeptes ein administratives System. Ich empfehle Ihnen deshalb, von Anfang an mit dem Aufbau einer beruflichen Datenbank zu starten.

Sollten Sie diese bürokratische Herausforderung vernachlässigen, vertun Sie eine wertvolle Chance. In Windeseile könnten Sie Ihre Kontakte, Ihre Informationen und Ihre Bewerbungsaktivitäten nicht mehr nachvollziehen. Ihre gewonnenen Daten wären für Ihre berufliche Zukunft nicht mehr nutzbar und somit wertlos. Beim nächsten Jobwechsel, der heute jederzeit auf Sie zukommen kann, müssten Sie wieder ganz von vorne anfangen. Die ganze Arbeit der Recherche, der Kurzanfragen, der Bewerbungen inklusive vergeblicher Bemühungen käme erneut auf Sie zu. Muss dies wirklich sein?

Nutzen Sie Ihre Suche nach dem besseren Job, um gleichzeitig Ihre berufliche Zukunft abzusichern.

Die meisten Jobsuchenden unterschätzen jedoch diese Fleißaufgabe. Sie benötigen eine Struktur, in der nichts verloren geht. Sie sollten ein Zeit- und Informationssystem nutzen, das einfach und schnell zu handhaben ist. Bereits die Software MS Outlook ist ein ideales Werkzeug, um eine berufliche Datenbank zu erschaffen. E-Mails können abgerufen, gespeichert und verwaltet werden. Darüber hinaus können Kontakte und zahlreiche Zusatzinformationen angelegt und weiterverarbeitet werden. Ebenso sind Wiedervorlagen, Terminplanungen, Erinnerungen, Kategorisierungen und vieles mehr möglich.

Damit Sie nicht zu viel Zeit verschwenden, müssen Sie unbedingt darauf achten, ein übersichtliches System einzusetzen. Falls Sie nicht sowieso MS Outlook nutzen, ist es aber nicht erforderlich, es sich extra anzuschaffen oder sich zeitaufwendig darin einzuarbeiten.

Um auch allen Leserinnen und Lesern gerecht zu werden, stelle ich jetzt die absolut simpelste Vorgehensweise vor, um mit dem Aufbau einer beruflichen Datenbank zu beginnen. Im Bewerbungsalltag ist es ausreichend getestet und hat sich als hocheffektiv herausgestellt. Es kann durchaus mit komplexeren Datenbanken mithalten.

Mein Vorschlag lautet daher, eine Struktur zu verwenden, die entweder auf Papier in Aktenordnern inklusive Registereinteilungen oder alternativ als Ordnerliste auf dem PC angelegt wird. Auch diese einfach zu handhabenden Systeme werden professionelle Ergebnisse erzielen.

Falls Sie das Ganze auf dem Computer organisieren möchten, legen Sie zunächst eine „Ordnerliste" (Ordnerbaum) an. Es sollen folgende fünf Hauptordner entstehen:

1. **Wiedervorlage**

2. **Laufende Bewerbungen**

3. **Positive Kontakte**

4. **Vergeblich kontaktiert**

5. **Kontaktideen**

Die einzelnen Arbeitgeberkontakte entsprechen dann Unterordnern, die je nach Bearbeitungsstand unter diesen fünf Hauptordnern abgespeichert werden. Dabei entspricht die Firmierung Ihrer entdeckten Unternehmen immer dem Namen der einzelnen Unterordner.

Es geht aber noch simpler: Sie können sich für das Arbeiten mit Papier entscheiden. Dies klingt zwar recht altmodisch, hat aber gerade in einer Phase, in der der Bewerbungsprozess im Vordergrund steht, seine Vorteile. Informationen können spontan notiert oder aufgefunden werden, ohne einen PC hochfahren zu müssen (z.B. während einer telefonischen Kurzanfrage oder einem überraschenden Rückruf eines Ansprechpartners). Zudem müssen Papierdokumente, wie zum Beispiel Stelleninserate, nicht gescannt werden und man kann sich langsam an den Umgang mit Adressensammlungen gewöhnen.

Im Übrigen liegt das Arbeiten mit Papier wieder im Trend. Schließlich hören die Skandale um Datenmissbrauch in der digitalen Welt nicht auf.

Falls Sie sich für das Arbeiten mit Papier entscheiden sollten, beginnen Sie zunächst mit einem einzigen großen Aktenordner. Dieser muss lediglich durch Trennblätter in die bereits genannten fünf Abschnitte unterteilt werden:

Bewerbungsmanagement

Aufbau Aktenordner

1.Abschnitt: Wiedervorlage
- Inklusive Jahreskalender als Deckblatt
- Noch zu erledigende Telefonate, E-Mails oder Bewerbungen
- Inklusive aller dazugehörigen Dokumente, E-Mails und Gesprächsnotizen

2. Abschnitt: Laufende Bewerbungen
- Inklusive Unterregister A-Z
- Gesprächsnotizen, E-Mails sowie Kopien der versendeten Anschreiben/Lebensläufe

3. Abschnitt: Positive Kontakte
- Inklusive Unterregister von A-Z
- Positive Kurzanfragen und Bewerbungen inkl. Kontaktdaten, Adressen etc.

4. Abschnitt: Vergeblich kontaktiert
- Inklusive Unterregister von A-Z
- Negative Reaktionen, unseriöse, inkompetente oder nicht kontaktierbare Arbeitgeber

5. Abschnitt: Kontaktideen
- Recherchierte Unternehmen für Kurzanfragen („Verdeckter Stellenmarkt")
- Passende Stelleninserate („Veröffentlichter Stellenmarkt")
- Sonstige Ansprechpartner oder Ideen

Ob Sie nun Aktenordner oder den Rechner bevorzugen, Sie haben als ersten Schritt Ihre Daten einzupflegen:

Ihr System startet immer im fünften Abschnitt „Kontaktideen".

Auf diese Weise wird Ihre aufzubauende Datenbank quasi gefüttert. Das können Arbeitgeberdaten aus den ‚unpassenden Stelleninseraten', Notizen, Internetausdrucke, Visitenkarten, Empfehlungen von Bekannten oder sonstige Infos über den „Verdeckten Stellenmarkt" sein. Natürlich ordnen Sie dort auch diejenigen Stelleninserate ein, die zufällig auf Ihren Berufswunsch passen (aus dem „Veröffentlichten Stellenmarkt"). Dort sind also diejenigen Unternehmen bzw. Inserate eingeheftet, die Sie während Ihrer „Recherchephase" gefunden haben, das heißt Ihre Zielgruppe, bei der Sie sich später bewerben möchten.

Falls bei Ihren Unternehmensdaten die allgemeingültigen Telefonnummern und E-Mail-Adressen fehlen, haben Sie diese noch zu recherchieren, bevor Sie mit Ihren Kurzanfragen starten können. So lange verbleiben Ihre gesammelten Daten unter dem Abschnitt „Kontaktideen", bis sie zum Zweck der Kurzanfrage vollständig recherchiert sind.

Danach beginnen Ihre Informationen durch Ihre Datenbank zu wandern. Erhalten Sie aufgrund Ihrer Kurzanfragen das gewünschte Okay für eine Bewerbung, versenden Sie Ihre Unterlagen und der ganze Vorgang inklusive aller Arbeitgeberdaten ist zu „Laufende Bewerbungen" umzuspeichern. Das Gleiche gilt für die Bewerbungen, die Sie aufgrund ‚passender Stelleninserate' sofort versenden können.

Falls Sie während Ihrer Kurzanfragen aufgefordert werden, sich zu einem späteren Zeitpunkt zu melden, gehen Ihre Dokumente in die „Wiedervorlage". Hat sich bei einem Arbeitgeber nichts ergeben, dieser sich aber dennoch als interessant herausgestellt, wandert das Ganze in „Positive Kontakte". Rührt sich bei einem Kontaktversuch überhaupt nichts, gehen diese Daten in „Vergeblich kontaktiert" usw.

Summa summarum werden also alle entdeckten potenziellen Arbeitgeber erst einmal unter „Kontaktideen" gesammelt. Danach müssen Sie diese je nach Kontaktergebnis nur noch innerhalb Ihrer Ordnerliste umspeichern (von „Kontaktideen" nach „Vergeblich kontaktiert", von „Kontaktideen" nach „Laufende Bewerbungen", von „Kontaktideen" nach „Positive Kontakte", von „Kontaktideen" nach „Wiedervorlage" usw.).

Falls Sie mit Aktenordnern arbeiten, tritt an die Stelle des ‚Umspeicherns' einfach das ‚Ein- und Ausheften'. Das Prinzip ist das Gleiche: Entdeckte Unternehmen, die zu Ihrer Zielgruppe gehören, werden zu Beginn unter „Kontaktideen" eingeheftet. Danach wandern die Dokumente nur noch innerhalb Ihres Aktenordners.

**Sind mögliche Firmen erst einmal unter „Kontaktideen" ange-
legt, gehen Ihnen keine Informationen mehr verloren.**

Praxisbeispiel:

*Frau N. startete den Aufbau ihrer ersten Datensammlung mit einem Ak-
tenordner. Obwohl der professionelle Umgang mit dem PC für sie zur
Selbstverständlichkeit gehörte, bevorzugte sie in manchen Fällen wieder das Arbeiten mit Papier. In den ersten Teil ihres Aktenordners „Wiedervorlage" heftete sie als Deckblatt einen A4-Jahreskalender ein.*

*Sie hatte sichergestellt, dass sie für die nächsten vier Wochen vormit-
tags ungestört blieb. Sie startete ihren täglichen ‚Arbeitstag zur Jobsuche' immer mit einem gemütlichen Frühstück. Währenddessen studier-
te sie den Kalender ihrer „Wiedervorlage" sowie die darin enthaltenen
Eintragungen. Welche Ansprechpartner wünschten einen Rückruf? Wer
erwartete eine Antwort per E-Mail? Welche bereits versandten Bewerbungen waren überfällig? Was war heute grundsätzlich zu tun?*

*Gut informiert setzte sich Frau N. anschließend an ihren Arbeitsplatz,
den sie sich zu Hause extra für die Suche nach ihrem besseren Job
eingerichtet hatte. Zunächst wurden ihre E-Mails kontrolliert: Waren auf
die gestern versandten Kurzanfragen schon Antworten eingegangen
und wie war die Quote der Feedbacks? Absagemails druckte sie aus
und heftete sie inklusive der dazugehörigen Arbeitgeberdaten im Abschnitt „Vergeblich kontaktiert" ein. Nachrichten, in denen sie aufgefordert wurde, sich später nochmals zu melden, gingen in die „Wiedervorlage". Dabei trug sie den gewünschten Zeitpunkt in den A4-
Jahreskalender ein.*

*Erhielt sie aufgrund ihrer Kurzanfragen eine Zusage für eine Bewerbung,
stimmte sie ihre Bewerbungsunterlagen auf den spezifischen Fall ab
und versandte diese unverzüglich. Gleichzeitig heftete sie den gesamten Vorgang mit allen bis dahin angesammelten Notizen und Daten in
den Teil „Laufende Bewerbungen" um. In den Jahreskalender notierte
sie sich, nach drei Wochen nachzuhaken, falls sie vom Arbeitgeber bis
dahin noch nichts gehört hätte.*

Waren die E-Mails abgearbeitet, begann sie anschließend zu telefonie-

ren. Sie suchte sich aus dem Teil „Kontaktideen" zwanzig Arbeitgeber heraus, bei denen sie bereits die Telefonnummern recherchiert hatte. Schon während der Gespräche notierte sie sich auf ihren zuvor kopierten ‚Telefon-Gesprächsnotizen' die wichtigsten Informationen. Sie wurden je nach Ergebnis der Telefonate in die entsprechenden Ordnerabschnitte eingeheftet. Von Arbeitgebern erwünschte Bewerbungsunterlagen versandte sie wieder umgehend.

War das Telefonieren beendet, widmete sie sich der Recherche. Einige in „Kontaktideen" eingeheftete Arbeitgeberdaten waren noch unvollständig. Diese recherchierte sie im Internet und ergänzte die noch fehlenden Kontaktdaten, wie allgemeingültige E-Mail-Adressen und Telefonnummern. So würde sie weitere Kurzanfragen starten können. Danach suchte sie online bei unpassenden Stellenanzeigen nach passenden Arbeitgebern. Entdeckte sie interessante Unternehmen, welche zu ihrer Zielgruppe zählten, druckte sie sich die Anzeigen aus und heftete sie zunächst unter „Kontaktideen" ab. Entdeckte sie währenddessen Inserate, die zufällig auch auf ihren Berufswunsch passten, sendete sie wieder schnell ihre Unterlagen ab und heftete den Vorgang in „Laufende Bewerbungen". Danach suchte sie im Internet nach Branchenlisten. Ergebnisse wurden ebenfalls unter „Kontaktideen" eingeordnet.

Falls keine wichtigen Veranstaltungen oder Messen anstanden, wo sie Arbeitgeber persönlich ansprechen konnte, machte sie gegen 12.30 Uhr Mittagspause. Nachmittags kontrollierte sie lediglich noch, ob alle Informationen und Daten des Tages in ihrem Ordner entsprechend eingeheftet waren. Gegen 14.00 Uhr machte sie sozusagen Feierabend. Vier Stunden konzentrierte Bewerbungsarbeit waren für sie ausreichend.

Es war Sommer. Nachmittags ging sie gerne an den Badesee. Wenn Frau N. nebenbei von einem interessanten Arbeitgeber erfuhr oder spontan eine Idee hatte, tippte sie sich stets ein paar Infos in ihr Mobiltelefon ein. Dies tat sie auch, wenn ihr etwas im Radio, im Fernsehen oder auf einem Werbeplakat auffiel. Ebenso war ihr Blick für Firmenschilder geschult. Sie kannte mittlerweile alle in ihrer Umgebung.

Abends ging sie aus und traf sich in einer Kneipe mit zwei Freundinnen.

Weitere Bekannte stießen hinzu. Während man sich unterhielt, fiel der Name eines Unternehmens, welches Frau N. in ihre Bewerbungsüberlegungen noch nicht mit einbezogen hatte. Sie notierte sich den potenziellen Arbeitgeber auf einem Bierdeckel.

Am nächsten Vormittag (nach dem Frühstück) übertrug sie zunächst die Daten aus ihrem Mobiltelefon in den Ordner „Kontaktideen". Den Bierdeckel heftete sie dort ebenfalls ab. Im Laufe der nächsten Woche würde sie fehlende Kontaktdaten ihrer Arbeitgeberideen nachrecherchieren können. Heute stand allerdings ein Vorstellungsgespräch an. Am angebotenen Job war Frau N. zwar nicht sonderlich interessiert, allerdings nutzte sie diese Gelegenheit, um für wichtigere Gespräche schon einmal trainieren zu können.

Ohne großes Nachdenken müssen Sie Ihre Daten lediglich umheften oder umspeichern. So landen zum Schluss alle Arbeitgeber entweder in „Vergeblich kontaktiert" oder „Positive Kontakte". Im letztgenannten Ordner befinden sich dann Ihre wichtigsten potenziellen Arbeitgeber. Ihre erste niveauvolle Datensammlung, aus der Sie später bequem ein nachhaltiges Netzwerk entstehen lassen können.

Bewerbungsnachlauf

Hören Sie nie auf, Arbeitgeberinformationen in Ihre neue Datenbank zu integrieren. Ebenso sollten Sie Ihre Aktivitäten nicht abrupt abbrechen. Dies betrifft besonders den Zeitraum, kurz nachdem Sie Ihr Ziel des besseren Arbeitsplatzes erreicht haben.

Sicher ist es für Sie derzeit noch schwer vorstellbar: Aber auch nachdem Sie Ihren neuen Job gefunden haben, werden sich noch eine ganze Zeitlang Kontakte zu vielen Firmen ergeben, schließlich hatten Sie im Vorfeld einiges angestoßen.

Auch wenn Sie Ihren Job bereits gefunden haben, sollten Sie noch ausstehende Vorstellungsgespräche wahrnehmen.

Das ist der bequemste und vor allem effektivste Weg, um wichtige Ansprechpartner noch persönlich kennenlernen zu können. Diese Kontakte werden Sie für Ihre berufliche Zukunft vielleicht noch dringend benötigen. Sie sind ja nicht gezwungen, jeder Firma gleich auf die Nase zu binden, dass bei Ihnen bereits alles in trockenen Tüchern ist. Auch wenn Ihnen jemand noch ein Okay für Ihre Bewerbung gibt, rate ich Ihnen, dem Unternehmen Ihre Unterlagen zuzusenden. Behalten Sie diese Vorgehensweise solange bei, bis Sie jeden in Ihrer Recherchephase entdeckten Arbeitgeber sozusagen abgearbeitet haben.

Darüber hinaus sind in Ihrer „Wiedervorlage" sicher noch zu erledigende Aufgaben enthalten. Beispielsweise aufgrund von E-Mails oder Telefonaten, in denen Sie gebeten wurden, sich zu einem späteren Zeitpunkt nochmals zu melden. Tun Sie dies bitte auch. Bedenken Sie dabei:

> **Diesen ganzen Aufwand müssen Sie nur ein einziges Mal in Ihrem Leben betreiben.**

Rufen Sie sich diese wichtige Aussage immer wieder ins Gedächtnis: Sind potenzielle Arbeitgeber erst einmal vollständig recherchiert, kontaktiert und in Ihrer Datenbank dokumentiert, brauchen Sie sich diese Mühe in dieser Form kein zweites Mal mehr zu machen.

Falls Sie mal wieder auf Jobsuche sein müssen, greifen Sie zu Hause einfach nach Ihrer Datenbank (bzw. Ihrem Aktenordner) und bauen auf bisherige Kontakte wieder auf. Sie werden feststellen, dass dadurch eine völlig andere Bewerbungssituation entsteht. Zumindest wird Ihnen die Kontaktaufnahme zu Ansprechpartnern schneller gewährt. Zudem werden Sie bemerken, dass Sie einfacher Informationen über interessante offene Stellen erhalten.

Alles in allem heißt das für Sie: Haben Sie demnächst Ihren neuen Arbeitsvertrag in der Tasche, aber ein anderer Arbeitgeber zeigt an Ihnen noch Interesse, dann halten Sie sich diese Firma bitte warm:

Trainieren Sie die Gratwanderung, jemandem abzusagen und ihm gleichzeitig ein positives Gefühl zu vermitteln.

Müssen Sie Jobangebote ablehnen, machen Sie Ihren Ansprechpartnern ruhig ein paar Komplimente. Betonen Sie den guten Ruf des Unternehmens, die professionelle Arbeitsweise oder Ähnliches. Wenn Sie einen Korb zu vergeben haben, könnten Sie beispielsweise erklären, ein tolles Angebot erhalten zu haben und Sie seien nicht imstande gewesen, dieses auszuschlagen. Oder das Ganze sei jetzt aber sehr unglücklich gelaufen, obwohl das Jobangebot doch interessant gewesen sei. Sie könnten auch darlegen, dass Sie leider gezwungen waren, sich kurzfristig entscheiden zu müssen und Sie keine andere Wahl hatten. Es würde Ihnen jetzt sehr leidtun.

Sicher sind Sie in der Lage, eine freundliche Absage zu erteilen, ohne Ihrem Gegenüber ‚auf die Füße zu treten'. Beachten Sie dies bitte auch, wenn Sie selbst von Absagen betroffen sind. Vermeiden Sie ungehaltene oder zu knappe Reaktionen. Vielleicht haben Sie ja ein wenig schauspielerisches Talent und reagieren entsprechend ‚tiefenttäuscht'.

Praxisbeispiel:

Frau P. war bei einem Augenoptiker beschäftigt. In der Hauptsache war ihr Chef für die Kunden zuständig. Allerdings war er nicht in der Lage, genügend davon zu akquirieren oder bestehende Kunden an die Firma zu binden. Finanzielle Engpässe waren an der Tagesordnung.

Irgendwann bemerkte Frau P., dass ihr Job in Gefahr ist. Sie startete ohne zu zögern ihre Bewerbungsphase. Schnell hatte sie einige lukrative Jobangebote vorliegen. Schließlich entschied sie sich für eine etablierte Einzelhandelskette für Augenoptik. Es war ihr Wunscharbeitgeber. Sie hatte bereits ihre Berufsausbildung dort absolvieren wollen, war allerdings damals nicht zum Zuge gekommen. Dementsprechend war sie nun begeistert, dass sie eine Zusage erhielt. Darüber hinaus standen bei anderen Unternehmen noch zwei weitere Vorstellungsgespräche an. Frau P. sagte sie alle kommentarlos ab. Schließlich hatte sie die Zu-

sage für ihren Traumjob schon in der Tasche.

Frau P. war gerade ein Jahr in ihrer neuen Position tätig, als sie in der Tageszeitung las, dass ihr Arbeitgeber vom Marktführer für Augenoptik aufgekauft worden sei. Dies kam für sie und ihre Arbeitskollegen überraschend. Bei der täglichen Arbeit hatte nichts darauf hingedeutet. Zwei Wochen später wurde die Belegschaft informiert. Die achtundzwanzig Filialen ihres bisherigen Arbeitgebers sollten auf zehn zusammengestrichen werden. Die Filiale, in der Frau P. arbeitete, war davon betroffen. Man werde aber eine Lösung finden, sagte der Filialleiter. Weitere Informationen konnte er nicht geben, da er selbst nicht informiert war, wie es weitergehen würde.

Irgendwann in einer Kaffeepause erhielt Frau P. von einem Kollegen den Tipp, sich vielleicht besser nach einem neuen Job umzusehen. Dabei erfuhr sie, dass fast die Hälfte ihrer Kollegen und Kolleginnen bereits woanders unterschrieben hatte.

Nach dem Feierabend wollte Frau P. ihre Bewerbungen heraussuchen, die sie vor einem Jahr versendet hatte. Allerdings konnte sie viele Vorgänge nicht mehr nachvollziehen. Einige Bewerbungskopien oder Ansprechpartner waren überhaupt nicht mehr auffindbar. Sie fasste den Entschluss, zumindest bei denjenigen Augenoptikern anzurufen, welche sie damals zu Vorstellungsgesprächen eingeladen hatten. An diese Unternehmen und Ansprechpartner konnte sie sich noch gut erinnern, schließlich hatten diese an ihr Interesse gezeigt.

Bei den Unternehmen, bei denen sie damals Gespräche rigoros abgesagt hatte, erhielt sie allerdings keine zweite Chance. Man erinnerte sich dort ebenfalls.

Sie können den Nutzen einer beruflichen Datenbank aber noch weiter steigern. Wie Sie es schließlich erreichen können, dass aus Ihrer Datensammlung ein hochwertiges Netzwerk von echten Verbündeten entsteht, verrate ich dann im dritten Teil der Karriere-Trilogie. Dort zeige ich auf, wie Sie aus Ihren gesammelten Informationen über Ihre Arbeitgeberzielgruppe bzw. Ansprechpartner noch viel mehr machen können. Sie sollten zukünftig nicht nur zeitnah und unbürokratisch berufliche Alternativen generieren können, sondern vor allem auch einmal in den Genuss kommen, abgeworben zu werden. Es wird Ihnen gut tun, wenn sich auch andere um Sie bemühen. Insbesondere dann, wenn der aktuelle Arbeitsplatz mal wieder eher an ein Irrenhaus erinnert als an eine seriöse berufliche Perspektive.

4.3 In vier Wochen zum besseren Job

Sie sind am Ende dieses Ratgebers angelangt. Ich fasse den Inhalt kurz zusammen: Durch die Unterteilung der Jobsuche in die drei Phasen „Recherche", „Kurzanfragen" und „Bewerbungen" versetzen Sie sich in die Lage, sich auch auf solche Stellen bewerben zu können, die nicht öffentlich ausgeschrieben sind. Sie konzentrieren sich demnach in der Hauptsache auf den „Verdeckten Stellenmarkt". Wie Sie inzwischen wissen, werden Ihnen während Ihrer Recherchearbeit auch solche Stelleninserate auffallen, die zufällig auf Ihren Berufswunsch passen („Veröffentlichter Stellenmarkt"). Diese Offerten nehmen Sie einfach im Vorbeigehen mit.

So entdecken Sie in der Summe auch wirklich alle Vakanzen, die zur Zeit Ihrer Jobsuche aktuell offen sind. Insbesondere diejenigen, die durch herkömmliche Bewerbungsstrategien nicht zum Vorschein kommen würden. So finden Sie nicht nur mehr, sondern insbesondere auch die begehrten, attraktiven Stellen.

> **Zeitgemäße Bewerbungsstrategien zeichnen sich dadurch aus, nicht nur den „Veröffentlichten", sondern auch den „Verdeckten Arbeitsmarkt" mit einzubeziehen.**

Diese Vorgehensweise ist der Schlüssel für zeitgemäße Bewerbungsstrategien. Sie werden überrascht sein, wie viel mehr freie Stellen sich vor Ihnen auftun werden. Eine höhere Anzahl von Vorstellungsgesprächen ist die logische Folge davon – eine für Sie sehr machtvolle Ausgangslage gegenüber Arbeitgebern. Vorstellungsgespräche verlieren ihren existenziellen Charakter. Sie werden sich denken: „Klappt das eine Gespräch nicht, gibt es weitere Chancen." Eine deutlich höhere Souveränität Ihrerseits wird die Folge sein. Eine bessere Quote von Jobzusagen wird sich ergeben. Sie werden mit Riesenschritten allen anderen Arbeitssuchenden davoneilen und sich so die Sahnestückchen auf dem Arbeitsmarkt herauspicken können.

Noch ist es aber nicht soweit: Jetzt müssen Sie die ersten Schritte tun. Treffen Sie eine Entscheidung und gehen über zu Ihren Startvorbereitungen. Zu allererst haben Sie Ihr berufliches Selbstbewusstsein sowie Ihre verbale Selbstdarstellung zu verbessern. Dazu analysieren Sie Ihr Profil und formulieren Ihre „Berufliche Botschaft". Danach bereiten Sie sich einen Arbeitsplatz vor, checken Ihre technische Ausstattung und bringen Ihre Bewerbungsunterlagen auf Vordermann. Anschließend müssen Sie nur noch mögliche Unternehmen recherchieren und sich persönlich, telefonisch oder per E-Mail das Okay für Ihre Bewerbung einholen.

Ich schlug Ihnen vor, Ihre Suche nach dem besseren Job als eine Art Teilzeittätigkeit aufzufassen. Sie sollten täglich einige Stunden investieren sowie einem genau strukturierten Zeitplan folgen – idealerweise für vier Wochen. Dieser kurze Zeitraum wird ausreichend sein, um außergewöhnliche Bewerbungsergebnisse zu erzielen.

Bei beispielsweise zehn bis fünfzehn Kurzanfragen pro Tag hätten Sie schon nach vier Wochen (inkl. freien Wochenenden) 200 bis 300 Unternehmen angesprochen. Und wohlgemerkt, das heißt nicht, sich mühselig 200 bis 300 Mal beworben bzw. die gleiche Anzahl von Unternehmen mit unerwünschten Bewerbungsunterlagen belästigt zu haben. Nein, es geht um etwas viel Einfacheres: Sie haben lediglich zwei Fragen zu stellen, die zudem nur wenige Sekunden dauern. Erkennen Sie bitte die Einfachheit des hier vorgestellten Gesamtkonzeptes: In allerletzter Konsequenz läuft alles auf zwei Fragestellungen hinaus:

1. **Ist eine Bewerbung für meinen Bereich sinnvoll?**

2. **Wer ist mein Ansprechpartner?**

Stellen Sie sich vor, Sie müssen nur wenige Wochen von Ihrem Leben investieren und anschließend wartet auf Sie ein erfüllendes Berufsleben. Dafür ist dieser Aufwand, täglich vier bis fünf Stunden konzentriert an seiner Jobsuche zu arbeiten, geradezu ein lächerliches Opfer, das es zu erbringen gilt.

> **Je mehr Anfragen Sie durchführen, umso eher werden Sie einen Job finden, von dem Sie bisher nicht zu träumen wagten.**

Und zum Schluss noch ein letzter Tipp: Die von mir vorgestellte Vorgehensweise funktioniert! Erfahrungsgemäß besteht der Engpass bei den meisten Jobsuchenden in der unterschwelligen Angst, potenzielle Arbeitgeber einfach, kurz und unkompliziert anzusprechen. Sie können sich an diese neue Denkweise besser gewöhnen, indem Sie sich mit kleinen Schritten herantasten. Setzen Sie sich zunächst keine zu hohen Tagesziele. Am ersten Tag sprechen Sie beispielsweise nur fünf Unternehmen an. Am zweiten dann sieben. Am dritten neun usw. So lange bis Sie bei Ihrem Aktivitätsziel angelangt sind.

Zehn bis fünfzehn Kurzanfragen inklusive der anderen, vorgestellten Aktivitäten sind im Übrigen problemlos an einem Vormittag oder Nachmittag zu schaffen. Dabei spielt es keine Rolle, ob Sie auf jede einzelne Kurzanfrage eine positive Reaktion erhalten oder nicht. Maßgeblich ist lediglich Ihre Konzentration auf die Gesamtanzahl täglicher Kurzanfragen. Alles andere stellt sich wie von selbst ein! Erinnern Sie sich bitte:

> **Es ist völlig ausreichend, wenn durchschnittlich nur jedes zehnte Unternehmen auf Ihre Kurzanfrage positiv reagiert.**

Diese Aussage ist sehr bedeutungsvoll: Sie müssen versuchen zu akzeptieren, dass Sie von zirka zehn Kurzanfragen ungefähr neun „Neins" erhalten. Sie können sich darauf verlassen, dass sich durchschnittlich das Verhältnis 9:1 zwischen Absagen und Zusagen für Ihre Bewerbungen einstellen wird. Diese niedrige Quote genügt, um wirklich mit Riesenschritten Ihrem besseren Job entgegenzugehen. Und jetzt noch einen allerletzten Ratschlag:

Belohnen Sie sich, wenn Sie Ihr Tagesziel erreicht haben!

Sie müssen nicht 24 Stunden über Ihre Jobsuche grübeln. Sie werden bemerken, wenn Sie jeden Tag nur ein paar wenige Stunden konzentriert an Ihrer Karriere arbeiten, dass Sie danach mit sich selbst sehr zufrieden sein werden. Das erleichtert das Abschalten deutlich. Haben Sie Ihr Soll an Kurzanfragen erreicht, können Sie beispielsweise von Ihrer ‚Teilzeittätigkeit der Jobsuche' früher Feierabend machen, sich einen Kaffee in der Sonne gönnen, eine Kleinigkeit essen gehen oder sich eine sonstige Annehmlichkeit spendieren.

Falls Sie wirklich alle Empfehlungen dieses Buchs in die Praxis umsetzen, werden Sie überrascht feststellen, dass das Ganze auch sehr viel Spaß macht.

Nehmen Sie selbstbestimmt Ihre Zukunft in eigene Hände. Vielleicht möchten Sie schon jetzt eine Entscheidung treffen?

Meine Suche nach dem besseren Job soll starten am ....

Ich wünsche Ihnen bei allem viel Erfolg!

Im Übrigen freue ich mich sehr über Feedbacks und Anregungen. Sie können mich über meine Homepage www.bewerbungs-center.com oder über die Businesscommunity XING erreichen.

Dieter L. Schmich

dielus **edition**

Dieter L. Schmich

Sicherheit
und Karriere
durch Networking

Mit Soziabilität und Netzwerken soziale
und berufliche Verbündete schaffen

dielus edition, 3. Teil der Karriere-Trilogie, ISBN 978-3-9815711-2-7